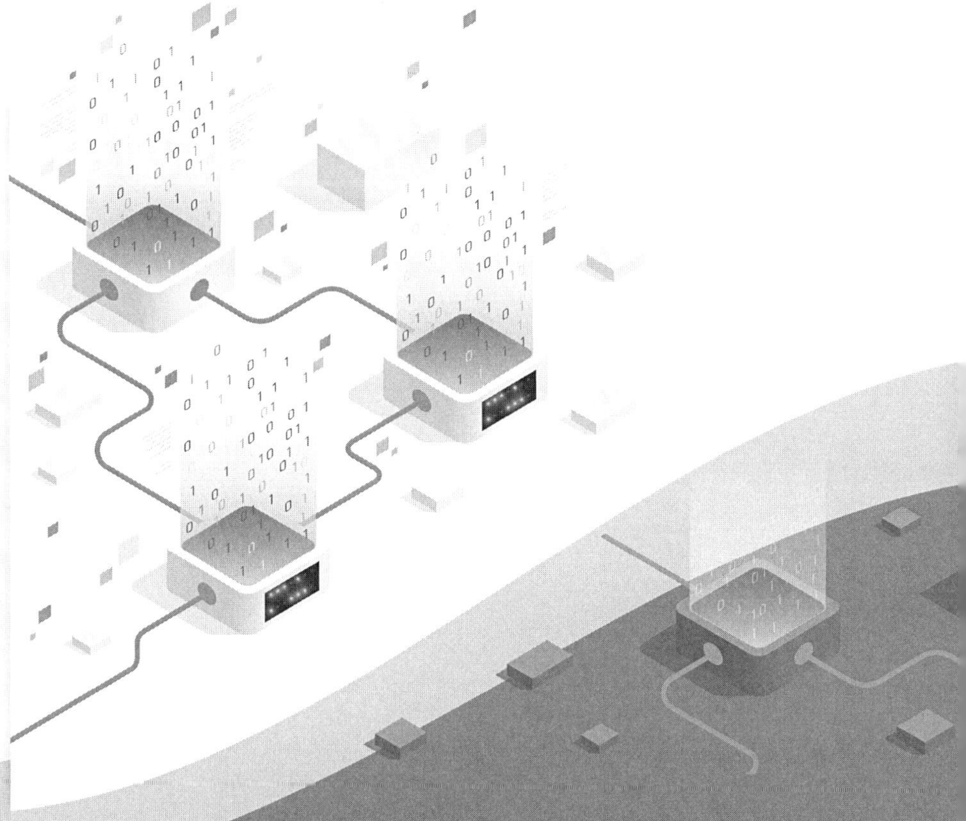

아두이노로 배우는

임베디드 시스템

HBE-Arduino-Sensor를 이용한

서재성 지음

KYOWOO

▶▶ 머리말

특수한 목적을 수행하기 위하여 하드웨어와 소프트웨어가 결합된 컴퓨터를 임베디드 시스템이라 한다. 임베디드 시스템은 소형, 저 전력 소모량, 실시간 반응 요구 등 제약성을 가지고 있어 마이크로프로세서, 메모리, 입출력 인터페이스 등이 하나로 집약된 마이크로컨트롤러를 사용하여 필요한 장치를 연결하며, 시스템을 제어하기 위한 소프트웨어를 개발 탑재하여야한다.

아두이노(Arduino)는 오픈소스를 기반으로 한 피지컬 컴퓨팅 플랫폼으로 AVR을 기반으로 한 보드와 소프트웨어 개발을 위한 통합 환경(Integrated Development Environment)을 제공한다. 아두이노 이전에도 마이크로 컨트롤러와 주변 장치들을 연결하여 임베디드 시스템을 구성하였으나, 전문적인 마이크로컨트롤러의 이해를 바탕으로 C언어로 소스코드를 작성하여야만 했다. 따라서 비전공자에게는 다소 어려운 부분이 있었다. 이에 반해 아두이노는 서로 다른 마이크로컨트롤러를 사용한 보드들을 동일한 방법으로 제어할 수 있도록 해줄 뿐만 아니라 다양한 주변장치를 공통적으로 연결할 수 있도록 한다. 또한 복잡한 프로그래밍 과정을 간단하게 만들어 줌으로서 비전공자들도 쉽게 임베디드 시스템에 접근할 수 있도록 해준다.

이 책에서는 임베디드 시스템 개발자를 위해서 간단한 회로기초 및 프로그램 기초를 수록하였고 이를 토대로 응용을 위하여 ATmega2560 보드와 다양한 입출력 장치 및 센서 들을 가지고 있는

HBE-Arduino-Sensor 장비를 이용하여 주변장치 인터페이스 회로구성, 각 장치들에 필요한 라이브러리 파일 구성 및 제어 프로그램 작성을 설명하였다.

이 책은 크게 세 부분으로 구성되어 있다. 1~4장에서는 회로기초, 아두이노 하드웨어 및 아두이노 소프트웨어와 아두이노 프로그래밍 기초이며, 5~19장은 다양한 주변장치 연결 및 제어 스케치 작성하기 이며, 20~23장은 통신과 관련된 실습과 인터럽트 실습을 서술하였다.

이 책이 임베디드 시스템을 배우는 여러분에게 도움 되기를 바라며, 교재 출판에 이르도록 도움을 준 교우관계자에게 감사를 드린다.

저자 씀

▶▶ 차 례

chapter 02 아두이노 하드웨어

chapter 03 아두이노 소프트웨어

chapter 04 아두이노 프로그래밍 기초

chapter 18 DC 모터 제어

chapter 19 스텝 모터 제어

chapter 20 RFID

chapter 21 블루투스 실습

CHAPTER

01 회로 개념

임베디드 프로그래밍을 위해서는 구현된 회로에 대한 분석이 필요하다. 이 장에서는 회로의 분석에 필요한 회로 기초, 회로 소자, 회로의 법칙 및 디지털 기초에 대해 설명하였다.

1.1 회로 기초

전기 신호는 직류(DC) 신호와 교류(AC) 신호로 나뉜다. 직류는 주파수가 0인 일정한 신호이고 교류는 일정한 주기로 주파수를 갖는 신호인데, 여기에서는 직류의 전류, 전압 및 전력 신호에 대한 개념을 살펴보도록 한다.

(1) 전하(electric charge) 와 전류(electric current)

회로의 동작을 설명할 때 가장 기본이 되는 전기적 양이 전하(electric charge)이다. 모든 전기적 현상은 전하의 공간적 분포 또는 이동에 의해 발생된다.

전하는 양자(proton)와 양이온(ion)이 갖는 양전하, 전자(electron)나 음이온이 갖는 음전하로 나뉘는데 전하의 기본 단위는 쿨롬(coulomb : C)으로서 전자 한 개가 가지고 있는 전하량은 1.602×10^{-19} [C] 이다.

회로에서 전기적 에너지가 전송되려면 전하의 이동이 있어야 하는데 이때 전하의 이동을 전류(electric current)라 하며, 전류의 크기는 회로의 어느 단면을 단위시간에 통과하는 전하량으로 표현할 수 있다.

$$I = \frac{Q}{t}[A]$$

Q : 이동한 전하량[C]

t : 시간(Sec)

I: 전류[A]

1A는 1초 동안 1C의 전하가 흐르는 양을 표시한다. 전하가 이동하기 위해서는 회로가 폐회로(closed loop)가 되어야 한다.

(2) 전압 (voltage)

단위 전하가 회로 내의 두 지점 사이를 이동할 때 얻거나 또는 잃게 되는 에너지를 두 지점간의 전위차(electric potential difference)또는 전압(voltage)이라 한다. 따라서 Q[C]의 전하가 두 지점 사이를 이동할 때 얻는 또는 잃는 에너지가 W[J]이라면 두 지점간의 전압V는 아래와 같다.

$$V = W/Q[V]$$

W : 얻거나 잃는 에너지[J]

Q : 이동한 전하량(C)

V: 전압[V]

1[V]는 1[C]의 전하가 두 지점 간을 이동할 때 얻거나 잃는 에너지가 1[J]일 때의 전압이다.

(3) 전력(electric power)

회로 내에서 단위시간에 변환 또는 전송 되는 에너지를 전력이라 하며 아래와 같이 표현된다.

$$\begin{aligned} P &= W/t\,[W] \\ &= VQ/t\,[W] \\ &= VI\,[W] \end{aligned}$$

1W는 1초에 변환 또는 전송되는 에너지가 1J일 때의 전력이다.

1.2 회로 소자

회로의 소자는 수동소자(passive element)와 능동소자(active element)로 나누어진다. 수동소자는 외부에서 전압이나 전류, 즉 에너지를 공급 받지 않는 한 아무런 전기적 효과를 나타내지 못하는 소자를 말하며, 능동소자는 전기적인 에너지를 공급하는 소자이다. 수동소자는 저항, 콘덴서, 코일 등이 있고, 능동소자는 전압 원, 전류 원 등이 있다.

회로에 사용되는 전기신호 및 소자의 단위는 〈표 1-1〉과 같이 미터법을 사용한다.

〈표 1-1〉 미터법

기호	명칭	승수
T	테라(Tera)	10^{12}
G	기가(Giga)	10^{9}
M	메가(Mega)	10^{6}
K	킬로(Kilo)	10^{3}
m	밀리(mili)	10^{-3}

μ	마이크로(micro)	10^{-6}
n	나노(nano)	10^{-9}
p	피코(pico)	10^{-12}

(1) 저항

저항이란 도체에 전류를 흘렸을 때 전류의 흐름을 방해하는 전기적인 양이며, 저항에 에너지를 공급하면 에너지를 축적하지 못하고 열에너지로 변환되어 외부로 방출된다. 저항에는 옴의 법칙(Ohm's law)이 성립하는데 가해진 전압에 비례하여 전류가 흐른다.

$$V = RI$$

저항의 단위는 옴(ohm : Ω)을 사용한다.

옴의 법칙에 의해 전압이 일정할 때 저항 값이 작을수록 전류가 많이 흐르고 저항 값이 클수록 전류가 적게 흐른다. 이러한 원리를 이용하여 회로의 전압을 낮추거나, 전류를 조정한다. 저항은 〈그림 1-1〉과 같이 용도에 따라 일반저항, 가변저항, 어레이저항 등이 있다.

〈그림 1–1〉 일반저항, 가변저항, 어레이저항

〈표 1-2〉와 같이 일반 저항은 4개의 색깔 띠로 저항 값을 표시하는데, 첫 번째 띠와 두 번째 띠는 저항 값이고, 세 번째 띠는 승수, 네 번째

띠는 오차를 나타낸다.

〈표 1-2〉 저항 값

색깔	첫 번째 띠	두 번째 띠	세 번째 띠	네 번째 띠
흑색	0	0	10^0	
갈색	1	1	10^1	±1%
적색	2	2	10^2	±2%
주황색	3	3	10^3	
노란색	4	4	10^4	
녹색	5	5	10^5	
청색	6	6	10^6	
보라색	7	7	10^7	
회색	8	8	10^8	
백색	9	9	10^9	
금색				±5%
은색				±10%

(2) 커패시터

가해진 전기에너지를 정전에너지로 축적하는 전기적 양을 커패시턴스라 한다. 커패시턴스를 가진 소자를 커패시터(capacitor)또는 콘덴서(condenser)라하며, 단위는 패럿(farad : F)을 사용한다. 〈그림 1-2〉는 커패시터의 회로 기호이다.

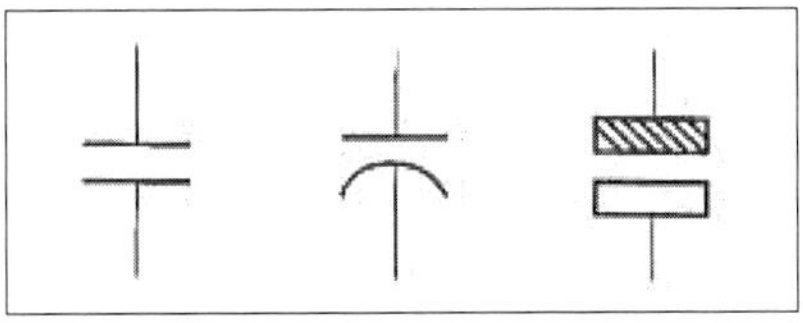

〈그림 1-2〉 커패시터 심벌

커패시터에 직류 전원을 연결하면 짧은 시간 내에 충전이 되어 커패시터 용량이 꽉 차서 더 이상 전류가 흐르지 않는다. 이러한 이유로 직류는 커패시터를 통과하여 흐르지 못하게 한다. 반면에 교류전원을 연결하면 (+), (-)극성이 바뀌어 충전, 방전이 계속되어 전류가 흐르게 된다. 전원부에서 전원의 (+)극과 (-)극에 커패시터를 연결하면 직류는 통과되지 않고 전원의 잡음만 (-)극으로 통과되어 잡음 제거 효과를 얻을 수 있다. 이러한 작용을 디커플링(decoupling)이라고 하며 이러한 용도로 사용되는 커패시터를 디커플링 커패시터라고 한다. 디지털 회로에서 커패시터는 디커플링을 위해 사용한다.

(3) 다이오드

다이오드(diode)는 전류를 한 방향으로만 통과시키고 반대 방향으로는 통과시키지 않는 특성을 가진다. 즉 전류를 순방향(+)극에서 (-)극으로만 통과시켜주는 반도체 소자이다. 역방향 (-)극에서 (+)극으로는 전류가 흐르지 못한다. 다이오드회로 심벌은 〈그림 1-3〉과 같다. 여기서 (+)극을 양극(anode), (-)극을 음극(cathode)라고 하며, 다이오드에 전류가 흐르기 위해서는 (+)극 전압이 (-)극 전압보다 일반적으로 0.7V이상이어야 한다.

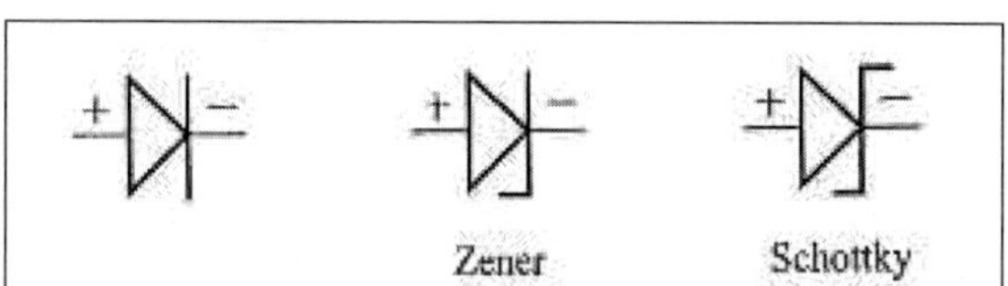

〈그림 1-3〉 다이오드 심벌

(4) LED

LED(Light-Emitting Diode)는 다이오드 특성과 같고 전류가 흐를 때 빛을 밝혀주는 소자이다. 동작은 다이오드의 동작과 같다. LED를 통과하는 전류가 클수록 빛의 밝기는 밝아진다. 한편 LED에 흐르는 전류량이 LED의 정격 전류보다 크게 되면 LED가 손상되기 때문에 저항을 직렬 연결하여 LED에 통과되는 전류량을 제한한다. 이때의 저항값은 아래 식과 같이 구한다.

$$LED\text{저항값} = \frac{\text{공급전압} - LED\text{전압강하}}{LED\text{정격전류}}$$

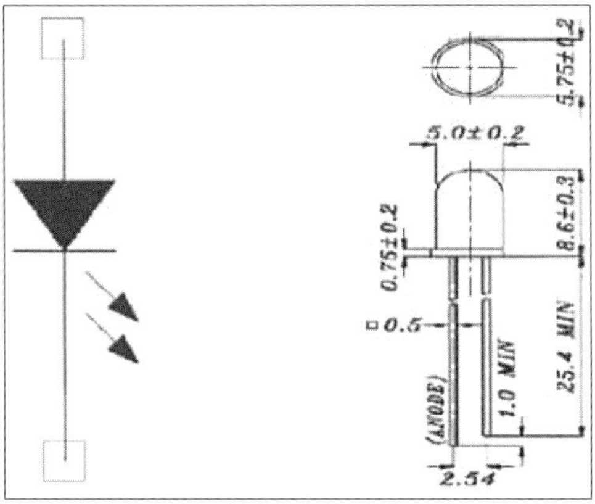

〈그림 1-4〉 LED의 심벌과 형상

LED는 두 개의 다리를 가지는데 긴 부분이 양극(Anode), 짧은 쪽이 음극(Cathode)이다. 〈그림 1-4〉는 LED의 심벌과 형상을 나타낸다.

(5) 트랜지스터

트랜지스터(transistor)는 반도체 소자로써 PNP형과 NPN형이 있다. 〈그림 1-5〉에 트랜지스터 심벌을 나타내었다. 트랜지스터는 디지털 회로에서 스위치 역할로 사용되는데 NPN인 경우를 보면 베이스-에미터 사이에 0.7V 이상의 전압을 인가해 주면 스위치가 ON되어 콜렉터에서 이미터로 전류가 흐르게 된다.

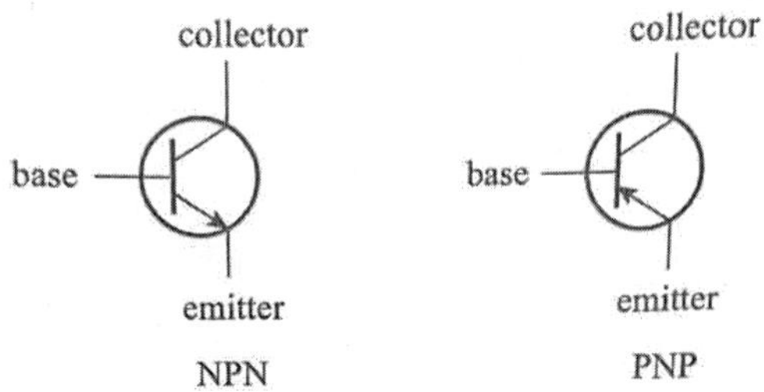

〈그림 1-5〉 트랜지스터 심벌

1.3 키르히호프(Kirchhoff)의 법칙

(1) 키르히호프의 전류법칙(KCL)

키르히호프의 전류법칙(Kirchhoff's Current Law : KCL)은 회로의 접합점에 흘러 들어가는 전류의 합은 흘러나오는 전류의 합과 같다는 것이다.

〈그림 1-6〉은 하나의 직류전압 원과 세 개의 병렬저항을 갖는 회로를 나타낸 것으로, 이회로의 접합 점 A, B에 키르히호프의 전류법칙을 적용하여 표현하면 아래와 같다.

$$A\text{점} : I_T = I_1 + I_2 + I_3$$
$$B\text{점} : I_1 + I_2 + I_3 = I_T$$

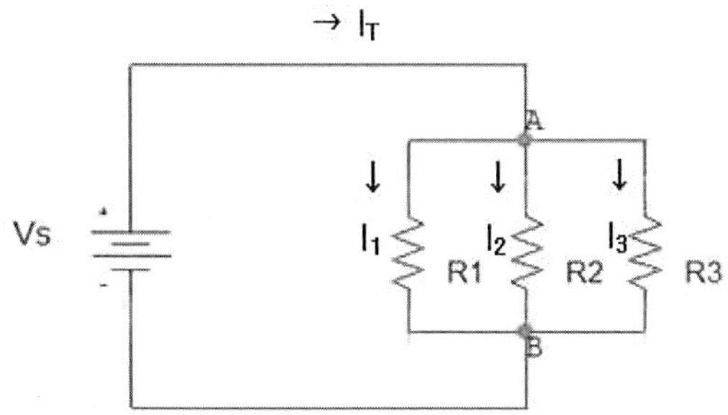

〈그림 1-6〉 키르히호프의 전류법칙

(2) 키르히호프의 전압법칙(KVL)

키르히호프의 전압법칙(Kirchhoff's Voltage Law : KVL)은 회로의 임의의 폐회로를 일주하면서 취한 전압 강하의 총합은 그 폐회로 내의 기전력의 총합과 같다는 것이다. 〈그림 1-7〉은 하나의 직류 전원과 세 개의 저항소자를 갖는 폐회로를 나타내고 있다. 이 회로에 키르히호프의 법칙을 적용하면 아래와 같다.

$$V_S = V_1 + V_2 + V_3$$

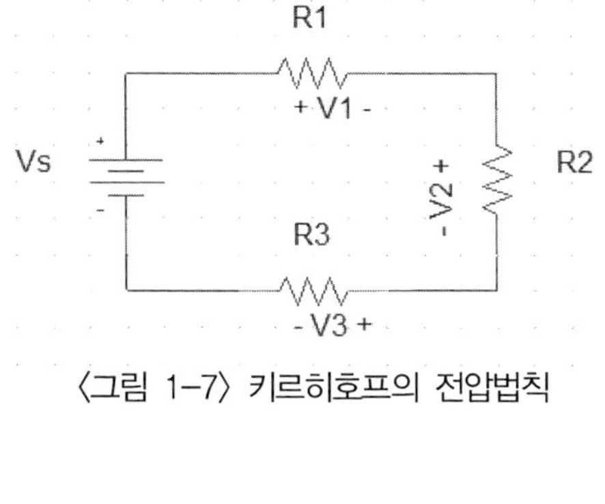

〈그림 1-7〉 키르히호프의 전압법칙

1.4 전압분배회로

〈그림 1-8〉과 같이 전압 원 V_S와 함께 저항이 직렬로 연결된 회로를 전압분배 회로라고 한다. 이 회로에서 인가된 직류전압 V_s는 두 개의 저항 R_1, R_2 에 의하여 V_1, V_2 전압으로 나누어진다. 직렬로 연결된 두 저항의 전체 직렬 저항은 아래와 같다.

$$R_T = R_1 + R_2\,[\Omega]$$

각 저항 R_1, R_2 에 인가되는 전압은 저항 R_X와 전체 직렬 저항 R_T와의 비 값에 인가된 전압 V_S를 곱한 것과 같다.

$$V_x = (\frac{R_x}{R_T})V_s\ [V]$$

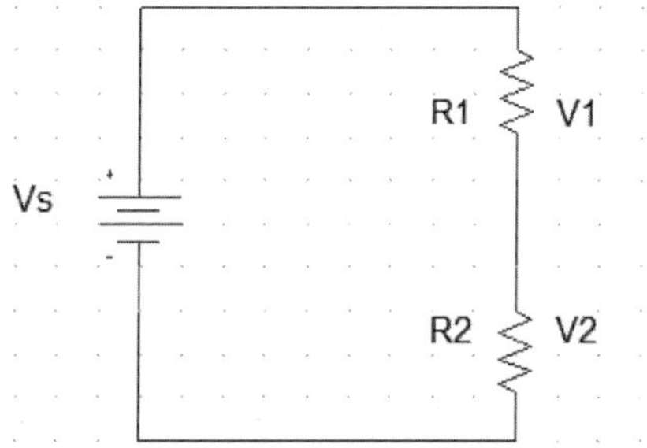

〈그림 1-8〉 전압분배회로

전압분배회로에서의 전류 I는 인가된 전압 V_S를 두 저항 R_1, R_2의 합성저항으로 나눈 값이며 이때 저항 R_1, R_2에 흐르는 전류는 같다.

$$I = \frac{V_S}{(R_1 + R_2)}[A]$$

1.5 전류분배회로

〈그림 1-9〉와 같이 저항이 병렬로 연결된 회로를 전류분배회로라고 한다. 이 회로에서 인가된 전압 V_S에 의하여 회로에 흐르는 전체 전류를 I_T라고 했을 때, 병렬로 연결된 저항 R_1과 R_2에 흐르는 전류는 I_1과 I_2로 나누어진다.

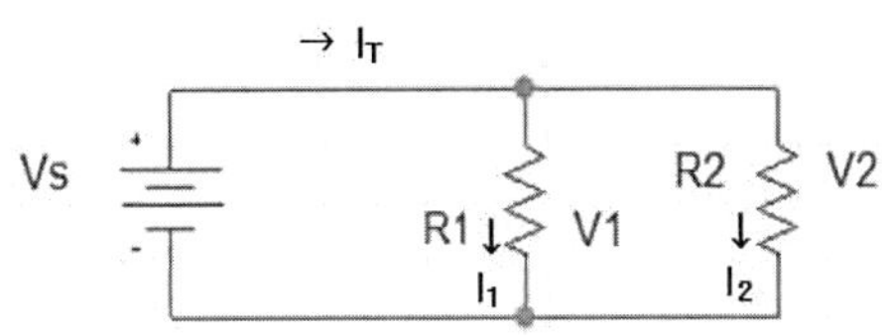

〈그림 1-9〉 전류분배회로

각 저항 R_1, R_2에 흐르는 전류를 구하기 위해서 먼저 병렬 연결된 R_1, R_2의 총 저항 값을 구한 후, 전체 전류를 구한다.

$$R_T = \frac{R_1 \times R_2}{R_1 + R_2}[\Omega]$$
$$I_T = \frac{V_S}{R_T}[A]$$

각 저항에 흐르는 전류는 저항 R_X와 전체 병렬합성저항 R_T와의 비값에 회로에 흐르는 전체 전류 I_T를 곱한 것과 같다.

$$I_X = (\frac{R_T}{R_X})I_T[A]$$

이때 저항 R_1과 R_2에 걸리는 전압은 같다.

1.6 디지털 기초

(1) 상태(state)

디지털 회로는 3가지 상태를 가진다. 3가지 상태란 〈그림 1-10〉과 같이 High(H or 1), Low(L or 0), 3-state이다. 3-state 상태란 하이 임피던스(high impedance)로서 High 도 Low도 아닌 상태로서 전류가 흐르지 않는 높은 임피던스 상태이다. 회로가 동작할 수 있는 상태는 High 와 Low 상태이다. 3-state 상태를 피하기 위해 풀-업(pull-up)저항 또는 풀-다운(pull-down)저항을 연결하여 High 또는 Low 상태로 초기화 한다.

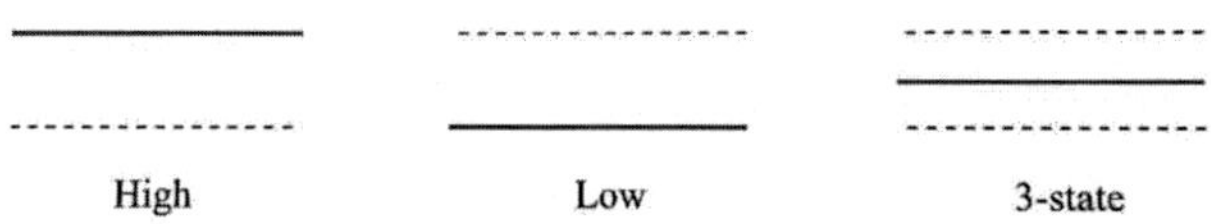

〈그림 1-10〉 디지털 신호의 3가지 상태

(2) 풀 · 업 저항과 풀 · 다운 저항

디지털 회로에서 사용되는 풀업(pull-up)저항과 풀다운(pull-down)저항은 어떤 입력이 인가되지 않을 때 핀의 상태를 High 또는 Low로 유지하여 안정적인 동작이 되도록 사용한다.

〈그림 1-11〉과 같이 입력 핀에 입력이 인가되지 않을 때 (스위치를 누르지 않을 때) 입력 핀은 High도 아니고 Low도 아닌 하이 임피던스 상태를 나타낸다. 반면에 〈그림 1-12〉와 같이 풀업저항을 연결하면 입력이 인가되지 않더라도 High상태를 유지하고, 풀다운 저항을 연결하면 Low 상태를 유지한다. 풀업 및 풀다운 저항을 사용함으로써 회로의 상태를 High 또는 Low 중 하나로 항상 일정하게 유지할 수 있게

된다. 풀-업 저항과 풀-다운 저항으로는 3~10kΩ 을 사용한다.

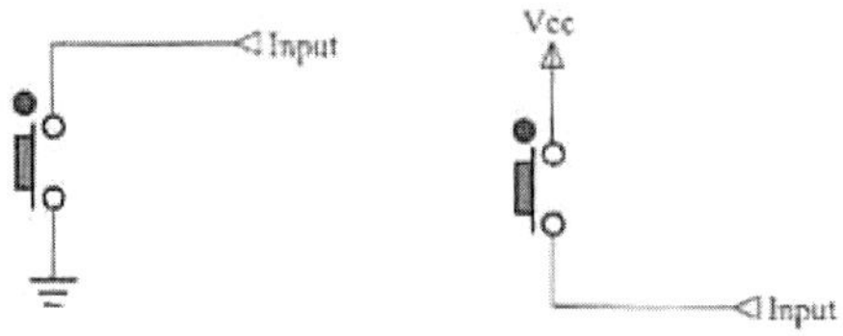

〈그림 1-11〉 스위치 입력

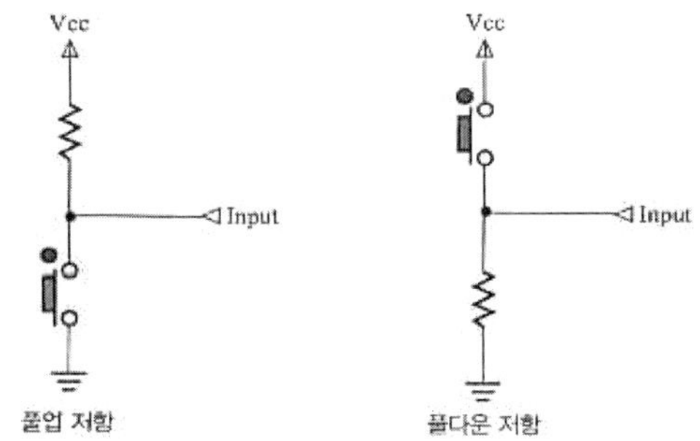

〈그림 1-12〉 풀업저항과 풀다운 저항

(3) 싱크전류와 소스전류

칩에는 보통 싱크전류(sink current)또는 소스전류(source current)라는 출력이 있으며, 칩 출력에서의 전류방향을 나타낸다.

〈그림 1-13(a)〉에서 칩이 싱크전류를 포함하면 출력 쪽으로 전류가 흘러들어간다는 의미로서, 칩의 출력과 Vcc사이에 소자를 연결하여 칩의 출력이 Low(0V)일 때 동작한다. 〈그림 1-13(b)〉에서 칩이 소스전류를 포함하면 출력에서 바깥으로 전류가 흐른다는 뜻이다. 칩의 출력과 0V(GND)사이에 소자를 연결하여 출력이 High(5V)일 때

동작한다.

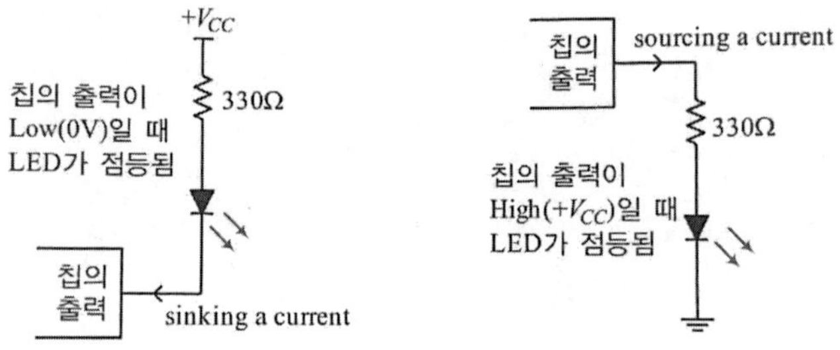

(a) 싱크전류 (b) 소스전류

〈그림 1-13〉 싱크전류와 소스전류

(4) 인에이블(enable), 디스에이블(disable)

인에이블은 허가, 활성화 또는 동작의 의미이고, 디스에이블은 금지 또는 비활성화의 의미이다. 어떤 신호, 핀, 소자 및 기능 등이 인에이블 된다는 것은 동작 가능하다는 것이고 디스에이블 된다는 것은 동작하지 않도록 한다는 것이다.

디지털 회로에서 동작하는 로직은 H 또는 L 이다. 로직 H에서 동작을 액티브 하이(active high)라 하고, 로직 L에서 동작을 액티브 로우(active low)라 한다.

CHAPTER

02 아두이노 하드웨어

아두이노 메가 2560은 ATmega2560 마이크로 컨트롤러를 사용한 아두이노 보드이다. 아두이노 메가 2560 보드와 주변 장치들로 연결 구성된 HBE-Arduino -Sensor 장비에 대해 설명하였고, 특히 아두이노 메가2560 보드의 핀의 기능 및 연결된 장치에 대해 정의하였다.

2.1 마이크로 컨트롤러

마이크로 컨트롤러는 마이크로프로세서 코어와 함께 다양한 종류의 메모리(플래시 메모리, SRAM, EEPROM), 여러 종류의 주변장치 및 입출력 포트를 하나의 칩에 집적한 것으로서 보통 임베디드 시스템에 사용되어 진다.

마이크로 컨트롤러의 장점은 시스템 내부의 칩 개수를 줄여줌으로써 가볍고 작은 시스템을 만들 수 있으며, 제품의 가격을 최소화할 수 있고 제품의 개발기간을 줄여주게 된다.

〈표 2-1〉은 마이크로 컨트롤러가 실생활에서 사용되고 있는 분야 및 예를 나타낸 것으로 실제 이보다 훨씬 많은 예를 주변에서 찾아볼 수 있을 것이다.

〈표 2-1〉 마이크로 컨트롤러 사용 예

분야	사용 예
정보가전	세탁기, 오디오, 인터넷 냉장고, UHD TV등
제어	공장 자동화, 스마트 홈, 로봇제어, 공정제어 등
정보기기	스마트폰, PDA 등
네트워크 기기	교환기, Router, 공유기, 게이트웨이 등
항공/군용	비행기, 우주선, 로켓, 야전 이동단말 등
물류/금융	ATM, RFID, 물류단말 등
차량/교통	자동차, ETS등
사무/의료	팩스, 프린터, Heart Pacer, 수술로봇 등

〈그림 2-1〉은 아두이노 메가 2560에서 사용되는 ATmega2560 마이크로 컨트롤러의 내부 구조를 보여준다.

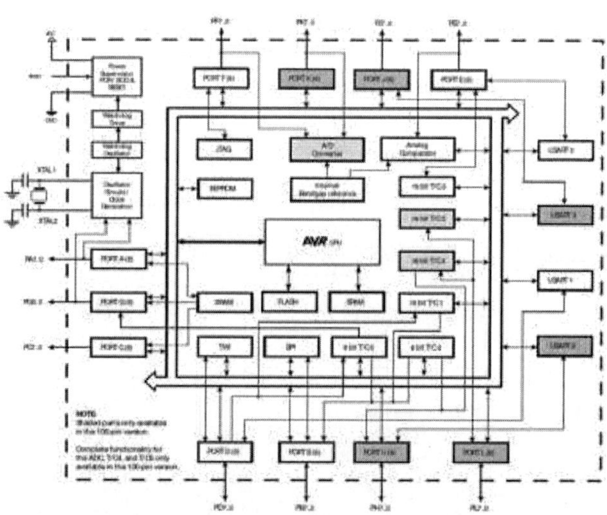

〈그림 2-1〉 ATmega2560 마이크로 컨트롤러 내부구조

2.2 아두이노 메가 2560

애초 아두이노는 아트멜의 AVR 시리즈 마이크로 컨트롤러를 사용하여 제작되었으며, 대표적으로 아두이노 우노, 아두이노 레오나르도, 아두이노 메가2560 보드 등이 있다.

보드들의 기본 기능은 거의 동일하지만 입출력 핀의 수, 프로그램 메모리의 크기 등에서 차이가 있으며, 〈표 2-2〉는 AVR 시리즈 마이크로 컨트롤러를 사용한 아두이노 보드들을 비교한 것이다.

〈표 2-2〉 아두이노 보드들의 비교

항목	아두이노 우노	아두이노 레오나르도	아두이노 메가2560
마이크로 컨트롤러	ATmega 328	ATmega 32u4	ATmega 2560
핀 수	28	44	100
디지털 입출력 핀 수	14	18(12)	54
아날로그 입력 핀 수	6	6(12)	16
PWM 채널 수	6	7	15
플래시 메모리	32KB	32KB	256KB
SRAM	2KB	2.5KB	8KB
EEPROM	1KB	1KB	4KB
하드웨어 시리얼 포트 수	1	1	4

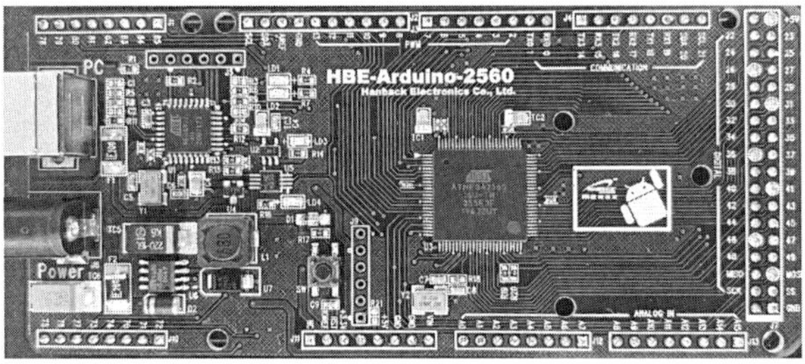

〈그림 2-2〉 HBE-Arduino-2560

〈그림 2-2〉와 같이 아두이노 메가2560 보드인 HBE-Arduino-2560은 아래와 같은 주변 구성 및 기능을 가지고 있다.

Micro USB 커넥터(PC) : 아두이노 보드에 업로드 및 통신을 위한 USB 커넥터
LED : PIN 13과 연결되어 있는 LED
리셋 스위치 : 아두이노 리셋 스위치
PWM 출력 핀 : PWM 출력으로 사용할 수 있는 핀
Digital I/O 핀 : 디지털 신호를 입출력 할 수 있는 핀
Analog 입력 핀 : 아날로그 신호를 입력 받을 수 있는 핀
Communication 핀 : UART, I2C, SPI 등 통신을 하기 위한 핀
추가 핀 : 추가적으로 사용할 수 있는 +3.3V, +5V, GND 등이 있다.

2.3 HBE-Arduino-Sensor

HBE-Arduino-Sensor는 〈그림 2-3〉과 같이 아두이노 메가2560 보드에 스위치, LED, FND(Flexible Number Display), 부저, 모터 등 입·출력 장치와 온도, PIR, 습도, 초음파 등의 센서 및 블루투스 등의 통신 장치들이 부착된 실습 장비이며 이 장비를 통하여 임베디드 하드웨어와 소프트웨어를 학습한다.

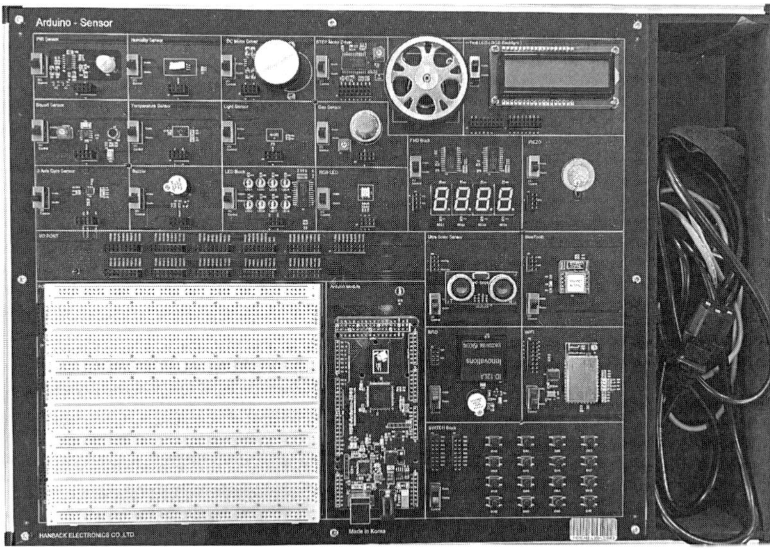

〈그림 2-3〉 HBE-Arduino-Sensor

각 장치들은 아두이노 설치 디렉터리 아래 하위 디렉터리인 "hardware/arduino/ avr/variants/mega"의 "pins-arduino.h" 파일에서 정의된 핀 번호에 연결되어 있으며 〈표 2-3〉은 핀 이름, 핀 번호, 기능 및 연결 장치들을 요약한 것이다.

〈표 2-3〉 아두이노 메가2560 보드에서의 핀 정의 및 연결장치

메가2560 핀 번호	핀 이름	기능	연결장치
0	PE0	RX0	업로드 및 시리얼 모니터(RX)
1	PE1	TX0	업로드 및 시리얼 모니터(TX)
2	PE4	PWM2	초음파 센서 (echo)
3	PE5	PWM3	Stepmotor (step)
4	PG5	PWM4	RGB_LED (R)
5	PE3	PWM5	RGB_LED (G)

6	PH3	PWM6	RGB_LED (B)
7	PH4	PWM7	DCMotor (pin1)
8	PH5	PWM8	DCMotor (pin2)
9	PH6	PWM9	
10	PB4	PWM10	
11	PB5	PWM11	Buzzer
12	PB6	PWM12	
13	PB7	PWM13	
14	PJ1	TX3	Bluetooth (TX)
15	PJ0	RX3	Bluetooth (RX)
16	PH1	TX2	
17	PH0	RX2	
18	PD3	TX1	RFID (TX)
19	PD2	RX1	RFID (RX)
20	PD1	I2C_SDA	LED, FND, 온도센서, 자이로센서
21	PD0	I2C_SCL	LED, FND, 온도센서, 자이로센서
22	PA0	D22	Switch 1
23	PA1	D23	Switch 2
24	PA2	D24	Switch 3
25	PA3	D25	Switch 4
26	PA4	D26	Switch 5
27	PA5	D27	Switch 6
28	PA6	D28	Switch 7
29	PA7	D29	Switch 8
30	PC7	D30	Switch 9
31	PC6	D31	Switch 10
32	PC5	D32	Switch 11
33	PC4	D33	Switch 12
34	PC3	D34	Switch 13
35	PC2	D35	Switch 14
36	PC1	D36	Switch 15
37	PC0	D37	Switch 16
38	PD7	D38	Stepmotor (Sleep)
39	PG2	D39	PIR Sensor
40	PG1	D40	Stepmotor (ms2)
41	PG0	D41	Stepmotor (ms1)
42	PL7	D42	RGB_LCD (d3)
43	PL6	D43	RGB_LCD (d2)
44	PL5	D44	RGB_LCD (d1)

45	PL4	D45	RGB_LCD (d0)
46	PL3	D46	
47	PL2	D47	
48	PL1	D48	
49	PL0	D49	
50	PB3	SPI_MISO	WiFi (MISO)
51	PB2	SPI_MOSI	WiFi (MOSI)
52	PB1	SPI_SCK	WiFi (SCK)
53	PB0	SPI_SS	WiFi (SS)
54	PF0	A0	습도 센서
55	PF1	A1	가스 센서
56	PF2	A2	사운드 센서
57	PF3	A3	라이트 센서
58	PF4	A4	압전 센서
59	PF5	A5	
60	PF6	A6	
61	PF7	A7	
62	PK0	A8	RGB_LCD (RS)
63	PK1	A9	RGB_LCD (R/W)
64	PK2	A10	RGB_LCD (EN)
65	PK3	A11	RGB_LCD (R)
66	PK4	A12	RGB_LCD (G)
67	PK5	A13	RGB_LCD (B)
68	PK6	A14	
69	PK7	A15	

기능에서 'D'는 디지털 값 0(LOW) 또는 1(HIGH)를 입 · 출력할 수 있고, 'A'는 아날로그 신호를 입력 받을 수 있으며, 입력된 신호는 10bit 디지털 값으로 변환된다.

'PWM'은 파형 듀티 비를 0~255 값으로 변환하여 출력 할 수 있는 포트이다.

사용이 가능하지만 아두이노 환경에서 정의되지 않은 16개 핀을 HBE-Arduino -Sensor에서는 〈표 2-4〉와 같이 정의하여 사용한다.

〈표 2-4〉 HBE-Arduino-Sensor에서 정의된 핀

메가2560 핀 번호	핀 이름	기능	연결장치
70	PD4	D50	
71	PD5	D51	
72	PD6	D52	
73	PE2	D53	
74	PE6	D54	Stepmotor(dir)
75	PE7	D55	초음파 센서(trig)
76	PG3	D56	
77	PG4	D57	
78	PH2	D58	
79	PH7	D59	
80	PJ2	D60	
81	PJ3	D61	
82	PJ4	D62	
83	PJ5	D63	
84	PJ6	D64	
85	PJ7	D65	

CHAPTER 03 아두이노 소프트웨어

아두이노 개발 환경은 자바 기반 통합 개발 환경(IDE : Integrated Development Environment)과 아두이노 함수 및 라이브러리로 이루어져 있다. 이 장에서는 아두이노 개발 환경을 다운로드 받고 설치하는 과정 및 실습을 위한 HBE-Arduino-Sensor 장비의 라이브러리 및 기타 파일의 복사 방법을 설명한다.

3.1 아두이노 다운로드

아두이노는 아두이노 보드에 필요한 코드작성, 컴파일, 다운로드 등 모든 기능을 하나의 소프트웨어에서 제공하는 자바 기반 통합 개발 환경(IDE : Integrated Development Environment)과 아두이노 함수 및 라이브러리로 이루어져 있다.

아두이노 개발 환경은 제공되는 CD에서 다운로드 받을 수 있는데 버전이 낮아 여기에서는 〈그림 3-1〉의 아두이노 개발자 홈페이지(https://www.arduino.cc/en/software)에서 다운받아 설치하는 방법을 설명한다.

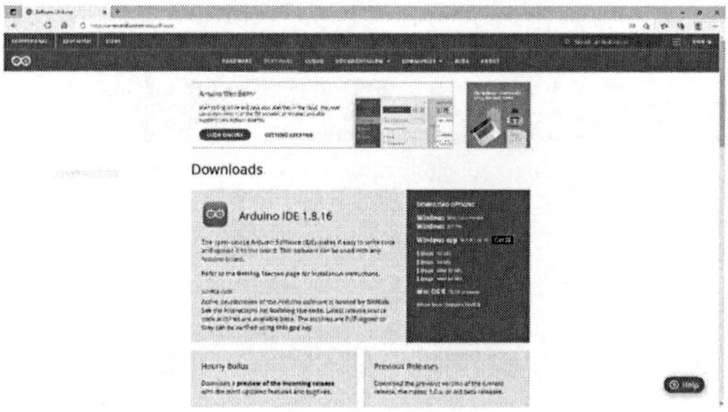

〈그림 3-1〉 아두이노 IDE 다운로드 페이지

3.2 아두이노 설치하기

〈그림 3-1〉에서 윈도우즈 기반 아두이노 설치 방법에는 두 가지 경우가 있는데 IDE 설치 외에 아두이노를 위한 드라이버를 자동으로 설정 해주는 "Windows installer"를 이용할 것을 권장한다. 인스톨 파일을 실행하면 〈그림 3-2〉와 같이 "Arduino Setup :License Agreement" 창이 뜨고 이 때 "I Agree" 버튼을 누르면

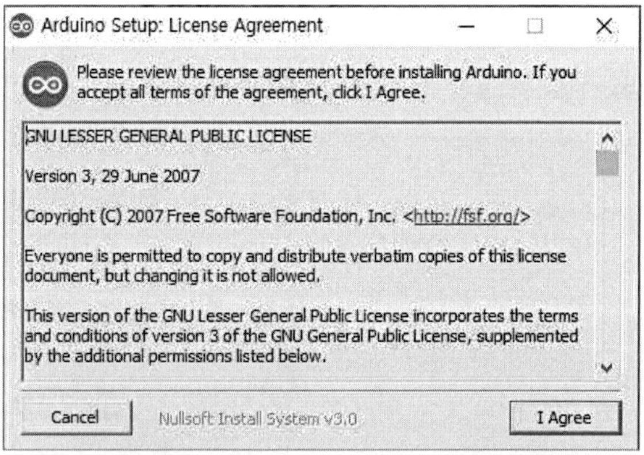

〈그림 3-2〉 아두이노 IDE 설치 라이센스 동의

〈그림 3-3〉과 같이 아두이노 IDE 설치 인스톨 옵션이 나타나는데 이 과정에서는 필요한 파일들의 복사 외에도 드라이버 설치, 아이콘 생성, 아두이노 스케치 파일의 확장자인 ino와 IDE의 연결 등의 추가 작업이 이루어진다.

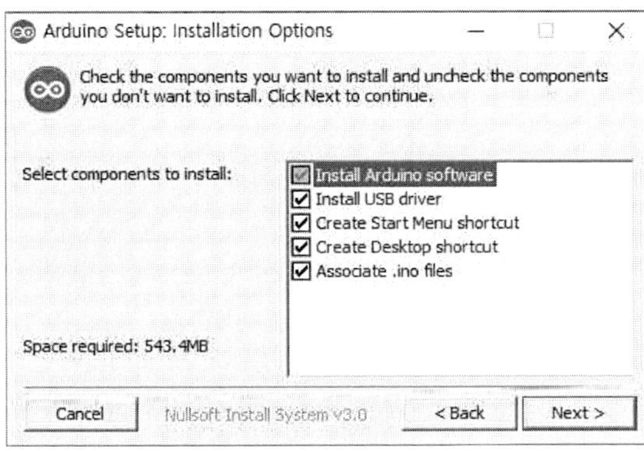

〈그림 3-3〉 아두이노 IDE 설치 인스톨 옵션

"NEXT" 버튼을 누르면 아두이노 IDE의 설치 디렉터리를 지정하는 창이 〈그림 3-4〉와 같이 나타난다.

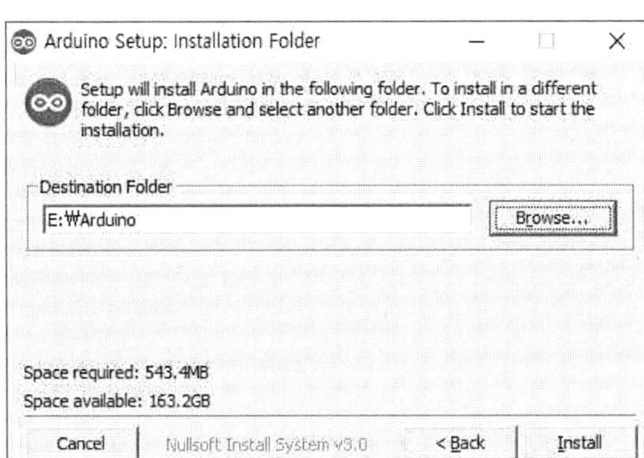

〈그림 3-4〉 아두이노 IDE 설치 디렉터리

설치 디렉터리를 "C:/Arduino"로 지정하여 주고 "Install" 버튼을 누르면 필요한 파일들의 복사가 이루어지고 드라이버 설치를 위한 윈도우즈 보안 창이 〈그림 3-5〉와 같이 나타난다.

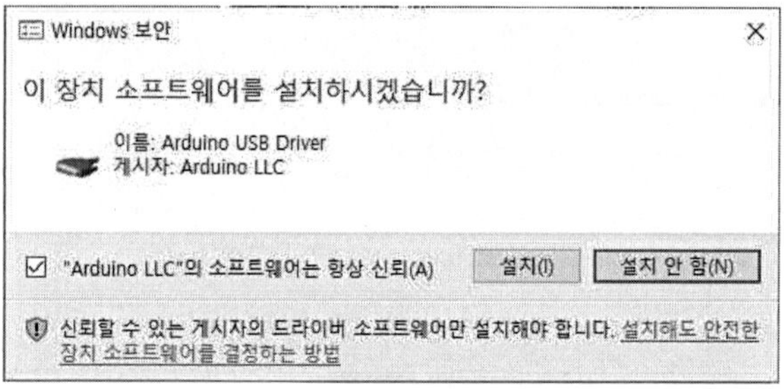

〈그림 3-5〉 윈도우즈 보안 창

"설치" 버튼을 누르면 드라이버가 설치된다. 설치가 끝났으면 HBE-Arduino-Sensor를 컴퓨터에 연결하고 〈그림 3-6〉과 같이 장치 관리자 포트를 열면 "Arduino Mega ADK" 드라이버와 연결 포트 번호를 확인 할 수 있다.

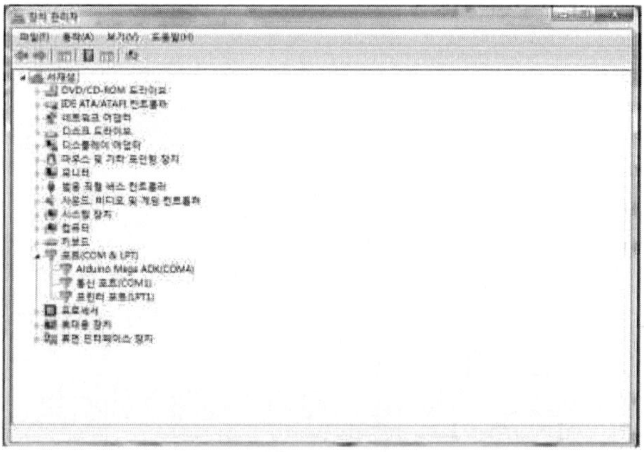

〈그림 3-6〉 장치 관리자

3.3 라이브러리 및 기타 파일 복사

HBE-Arduino-Sensor를 위한 아두이노 스케치를 위해서는 제작 회사에서 제공하는 클래스 라이브러리들을 'libraries' 폴더에 복사해 넣어야 하며, 제공되는 예제 폴더 'Book_example'을 'example'폴더에 복사해 넣는다.

기본	라이브러리 삽입 후	
Adafruit_Circuit_Playground	Adafruit	Pressure
Bridge	Adafruit_Circuit_Playground	Proximity
Esplora	Alcohol	RgbLcd
Ethernet	AndroidAccessory	RgbLed
Firmata	Bridge	Robot_Control
GSM	Buzzer	Robot_Motor
Keyboard	CapSense	RobotIRremote
LiquidCrystal	DCMotor	SD
Mouse	EEPROM	SdFat
Robot_Control	Esplora	Servo
Robot_Motor	Ethernet	Shock
RobotIRremote	Firmata	SoftwareSerial
SD	Flasher	Sound
Servo	FND	SpacebrewYun
SpacebrewYun	Gas	SPI
Stepper	GSM	StepMotor
Temboo	HeartRate	Stepper
TFT	Humidiity	Switch
WiFi	Joystick	Temboo
	JPEGCamera	Temperature
	Keyboard	TFT
	LED	ThreeAsixGyro
	Light	Touch
	Line	UltraSonic
	LiquidCrystal	USB_Host_Shield
	Magnetic	WiFi
	MemoryCard	Wifly
	Mouse	Wire
	Piezo	.keep
	PIR	

또한 아래의 코드를 'hardware/arduino/avr/variants/mega/pins_arduino.h'에 삽입해준다.

```
// 2013.2.13 RnU. R&D Software.
// Add Pin
PD , // PD 4 ** 70 ** D50
PD , // PD 5 ** 71 ** D51
PD , // PD 6 ** 72 ** D52
PE , // PE 2 ** 73 ** D53
PE , // PE 6 ** 74 ** D54
PE , // PE 7 ** 75 ** D55
PG , // PG 3 ** 76 ** D56
PG , // PG 4 ** 77 ** D57
PH , // PH 2 ** 78 ** D58
PH , // PH 7 ** 79 ** D59
PJ , // PJ 2 ** 80 ** D60
PJ , // PJ 3 ** 81 ** D61
PJ , // PJ 4 ** 82 ** D62
PJ , // PJ 5 ** 83 ** D63
PJ , // PJ 6 ** 84 ** D64
PJ , // PJ 7 ** 85 ** D65
// 2013.2.13 RnU. R&D Software.
// Add Pin
_BV( 4 ) , // PD 4 ** 70 ** D50
_BV( 5 ) , // PD 5 ** 71 ** D51
_BV( 6 ) , // PD 6 ** 72 ** D52
_BV( 2 ) , // PE 2 ** 73 ** D53
_BV( 6 ) , // PE 6 ** 74 ** D54
_BV( 7 ) , // PE 7 ** 75 ** D55
_BV( 3 ) , // PG 3 ** 76 ** D56
_BV( 4 ) , // PG 4 ** 77 ** D57
_BV( 2 ) , // PH 2 ** 78 ** D58
_BV( 7 ) , // PH 7 ** 79 ** D59
_BV( 2 ) , // PJ 2 ** 80 ** D60
_BV( 3 ) , // PJ 3 ** 81 ** D61
```

```
_BV( 4 ) , // PJ 4 ** 82 ** D62
_BV( 5 ) , // PJ 5 ** 83 ** D63
_BV( 6 ) , // PJ 6 ** 84 ** D64
_BV( 7 ) , // PJ 7 ** 85 ** D65
};
// 2013.2.13 RnU. R&D Software.
// Add Pin
NOT_ON_TIMER , // PD 4 ** 70 ** D50
NOT_ON_TIMER , // PD 5 ** 71 ** D51
NOT_ON_TIMER , // PD 6 ** 72 ** D52
NOT_ON_TIMER , // PE 2 ** 73 ** D53
NOT_ON_TIMER , // PE 6 ** 74 ** D54
NOT_ON_TIMER , // PE 7 ** 75 ** D55
NOT_ON_TIMER , // PG 3 ** 76 ** D56
NOT_ON_TIMER , // PG 4 ** 77 ** D57
NOT_ON_TIMER , // PH 2 ** 78 ** D58
NOT_ON_TIMER , // PH 7 ** 79 ** D59
NOT_ON_TIMER , // PJ 2 ** 80 ** D60
NOT_ON_TIMER , // PJ 3 ** 81 ** D61
NOT_ON_TIMER , // PJ 4 ** 82 ** D62
NOT_ON_TIMER , // PJ 5 ** 83 ** D63
NOT_ON_TIMER , // PJ 6 ** 84 ** D64
NOT_ON_TIMER , // PJ 7 ** 85 ** D65
```

CHAPTER

04 아두이노 프로그래밍 기초

아두이노 프로그래밍을 위해 아두이노 변수 및 기본 함수, 직렬통신 클래스 라이브러리 함수, 아두이노 제어 구문, 아두이노 프로그램의 구성에 대해 설명하였다. 그리고 예제를 통하여 컴파일 및 업로드, 클래스 라이브러리 생성 방법에 대해 설명하였다.

4.1 아두이노 변수

아두이노에서는 다양한 유형의 변수를 사용해서 값을 효율적으로 표현할 수 있다. 아두이노에서는 int(integer, 16비트 값) 변수 유형이 숫자 값에 주로 사용되기는 하지만 〈표 4-1〉의 변수 유형들이 있으니 값의 범위를 살펴 변수 유형을 결정하여 사용한다.

〈표 4-1〉 아두이노 변수 유형

변수 유형	크기(Byte)	수의 범위	용도
uint8_t	1	0 ~ 255	부호 없는 양수 값을 나타낸다.
uint16_t	2	0 ~ 65535	부호 없는 양수 값을 나타낸다.
char	1	-128 ~ 127	하나의 문자를 나타낸다. 또한 -128에서 127사이의 부호 있는 값을 나타낼 수도 있다.
int	2	-32768 ~ 32767	양수 및 음수 값을 나타낸다.

long	4	-2147483648 ~ 2147483647	매우 큰 범위의 양수 및 음수 값을 나타낸다.
float	4	-3.4028235E+38 ~ 3.4028235E+38	소수점이 있는 숫자를 나타내며, 실제 측정치의 근사값을 구하는데 사용된다.
boolean	1	false(0) 또는 true(1)	논리 값 0(LOW), 1(HIGH) 값을 나타낸다.

4.2 아두이노 기본 함수

(1) 디지털 입출력 함수

```
void pinMode (uint8_t pinNum, uint8_t mode)
```

지정한 핀을 입력(INPUT) 또는 출력(OUTPUT)으로 동작하도록 설정한다. 내부 풀업(INPUT_PULLUP)으로 지정하면 풀업 저항을 사용하는 입력으로 설정한다.

예) pinMode(13, OUTPUT); // 13번 핀을 출력으로 설정
　　pinMode(13, INPUT); // 13번 핀을 입력으로 설정

지정한 번호의 핀으로 HIGH(1) 또는 LOW(0)의 디지털 값을 출력한다.

```
void digitalWrite(uint8_t pinNum, uint8_t value)
```

예) pinMode(13, OUTPUT);

digitalWrite(13, HIGH); // 13번 핀에 1을 출력

```
int digitalRead(uint8_t pinNum)
```

지정한 번호의 핀으로 HIGH(1) 또는 LOW(0)의 디지털 값을 읽어 변환한다.

예) if(digitalRead(22)==HIGH) // 22번 핀의 디지털 값을 읽어 HIGH이면 digitalWrite(13, LOW); // 13핀에 LOW 출력}

(2) 아날로그 입출력 함수

```
void analogReference(uint8_t type)
```

아날로그 입력을 위한 기준 전압을 설정한다. 설정 가능한 옵션을 DEFAULT(아두이노 메가2560 보드의 동작 전압인 5V로 설정), INTERNAL1V1 (내부 1.1V를 기준 전압으로 설정), INTERNAL2V56(내부 2.56V를 기준 전압으로 설정), EXTERNAL(AREF 핀에 인가된 0V–5V 사이의 전압을 기준 전압으로 설정) 등이 있다.

```
int analogRead(uint8_t pinNum)
```

지정한 아날로그 입력 핀으로부터 아날로그 값을 읽고 ADC(Analog Digital Converter)를 통해 0에서 1023까지의 디지털 값으로 변환하여 반환한다.

예) int value = analogRead(54); // 핀 번호 54번에서 입력받은 값을 value에 // 저장

```
void analogWrite(uint8_t pinNum, int value)
```

지정한 번호의 핀으로 듀티 비를 가지는 PWM(Pulse Width Modulation) 신호를 출력한다. value는 0(0%)에서 255(100%) 사이의 값을 갖는다.

예) analogWrite(9,128); // 핀 번호 9에서 듀티 비 128로 출력

(3) 고급 I/O 함수

```
void tone(uint8_t pinNum, unsigned int frequency, unsigned int duration)
```

지정한 번호의 핀으로 지정한 주파수를 가지는 듀티 비 50%의 구형파를 발생한다. duration을 설정하면 이 기간 동안 지속되며, 지정되지 않으면 noTone 함수가 호출될 때까지 계속 출력된다.

```
void noTone(uint8_t pinNum)
```

지정한 번호의 핀에 tone 함수에 의해 발생된 구형파 출력을 중지한다.

```
unsigned long pulseIn(uint8_t pinNum, uint8_t value, unsigned long time)
```

지정된 번호의 핀으로부터 펄스를 읽어 그 길이를 microsecond 단위로 반환한다. 펄스 대기 시간을 time 값으로 지정할 수 있다. 예를 들어 HIGH 펄스인 경우, 핀이 HIGH가 되면 시간 측정이 시작되며 LOW로 되면 시간 측정이 종료된다.

(4) 시간 함수

```
unsigned long millis()
```

프로그램 동작 후 millisecond 단위의 시간을 반환한다. 반환 값은 4바이트 크기이므로 약 50일의 시간이 경과하면 오버플로가 발생하여 0이 된다.

```
unsigned long micros()
```

프로그램 동작 후 microsecond 단위의 시간을 반환한다. 약 70분의 시간 경과 후 오버플로가 발생하여 0이 된다.

```
void delay(unsigned long ms)
```

지정된 millisecond 만큼 프로그램 동작을 멈춘다.

```
void delayMicroseconds(unsigned long us)
```

지정된 microsecond 만큼 프로그램 동작을 멈춘다.

(5) 랜덤 함수

```
void randomSeed(unsigned int seed)
```

의사 난수 생성기를 초기화하며, seed는 의사 난수 생성기의 시작 위치를 나타낸다.

```
long random(long min, long max)
```

의사 난수를 생성하여 반환한다. 최솟값을 지정하지 않은 경우 최솟값은 0으로 설정하며, max-1이 생성될 난수의 최댓값이다.

4.3 직렬통신 클래스 라이브러리 및 함수

(1) 개요

ATmega 2560 마이크로 컨트롤러에는 UART(Universal Asymchromous Receiver Transmitter), I2C(Inter-Integrated Circuit), SPI(Serial Peripheral Interface) 직렬통신 장치가 있으며, 〈표 4-2〉는 직렬통신 방식을 비교한 것이다.

〈표 4-2〉 직렬통신 방식 비교

구분		UART	I2C	SPI
동기/비동기		비동기	동기	동기
전이중/반이중		전이중	반이중	전이중
연결선 개수	데이터	2	1	2
	클록	0	1	1
	제어	0	0	1
연결방식		1 : 1	1 : N (마스터-슬레이브)	1 : N (마스터-슬레이브)
슬레이브 선택			소프트웨어 (주소지정)	하드웨어 (SS라인)

아두이노 에서는 UART 통신을 위해 Serial 기본 클래스 및 함수들을 제공하며, 아두이노 메가2560에서는 4개의 하드웨어 시리얼 포트가 존재한다. 〈표 4-3〉은 아두이노 메가2560의 UART 시리얼 통신으로 해당 객체별 함수는 공통이다.

〈표 4-3〉 아두이노 메가2560의 UART통신

채널	연결핀	해당객체	연결장치	비고
0	0(RX), 1(TX)	Serial	프로그램 업로드 시리얼 모니터	아두이노 우노와 동일
1	19(RX1),18(TX2)	Serial 1	RFID	
2	17(RX2),16(TX2)	Serial 2		
3	15(RX3),14(TX3)	Serial 3	Bluetooth	

I2C 통신을 위해 Wire 클래스 라이브러리 및 SPI 통신을 위해 SPI 클래스 라이브러리를 제공한다. 여기에서 본 책에 응용되는 클래스 라이브러리 함수들에 설명하였다.

(2) Serial 클래스 함수

```
int available( )
```

직렬통신 수신 버퍼에 저장된 데이터의 바이트 수를 반환.

```
void begin(unsigned long baud)
```

직렬 통신을 위한 전송속도를 설정한다. 전송속도는 보율(baud rate)로 지정한다.

```
void end( )
```

직렬통신을 종료한다.

```
size_t print(value, format)
```

주어진 값을 ASCII형식으로 직렬 포트로 출력한다. 정수의 경우

format값에 따라 출력 형식을 2진법(BIN), 8진법(OCT), 10진법(DEC), 16진법(HEX)중 하나를 선택할 수 있다. 실수의 경우에는 format 값으로 소수점 이하 자릿수를 지정할 수 있으며, 디폴트값은 소수점 이하 2자리이다.

size_t println(value, format)

데이터를 출력 후 줄 바꿈이 있음. 이외는 print 함수와 동일하다.

size_t write(uint8_t ch)

주어진 값을 직렬포트로 출력한다. 문자열의 경우는 print함수와 동일한 결과를 가져오지만, write(65)는 'A'가 출력되는 반면 print(65)는 '65'가 출력되는 점에서 다르다.

int peek( )

직렬통신 수신 버퍼의 첫 번째 바이트 데이터를 반환한다. peek 함수는 수신버퍼에서 반환한 데이터를 제거하지 않는다.

int read( )

직렬통신 수신 버퍼에서 첫 번째 문자를 읽어 반환한다. peek함수와 달리 read함수는 수신 버퍼에서 반환한 데이터를 제거한다.

void serialEvent( )

Serial 클래스의 맴버 함수가 아니며, 수신 버퍼에 데이터가 수신된 경우에 호출되는 함수이며, 인터럽트 방식이 아닌 폴링방식으로

동작한다.

(3) Wire 클래스 함수

```
void begin( )
```

Wire 라이브러리를 초기화하고, 마스터로 참여함을 의미한다.

```
uint8_t requestFrom (uint8_t address, uint8_t quantity)
```

마스터가 특정 주소의 슬레이브 장치에 지정한 양의 데이터를 요청한다.

```
void beginTransmission (uint8-t address)
```

지정한 주소의 슬레이브 장치로 데이터 전송을 시작한다. 실제 전송은 write 함수에 의해 버퍼에 기록된 후, endTransmission 함수가 호출될 때 일어난다.

```
uint8_t endTransmission( )
```

write 함수에 의해 큐에 기록된 데이터를 전송함으로써 beginTransmission 함수에 의해 시작된 슬레이브 장치에 대한 전송을 종료한다.

```
size_t write(uint8_t data)
```

마스터에서 슬레이브 장치로의 데이터를 전송하기 위해 큐에 데이터를 기록할 때 사용한다.

```
int read( )
```

마스터의 requestFrom 함수 호출에 따라 슬레이브 장치가 전송한 데이터 한 바이트를 읽어서 반환한다.

4.4 아두이노 제어 구문

아두이노 제어구문은 loop( )함수 내에서 다양한 제어를 위해 사용되며, if, switch, for, while 등의 구문이 사용된다. 제어 구문의 중요한 포인트는 조건이다. 조건에 맞으면 다음 구문을 실행하거나 실행하지 않고 넘어가기도 한다. 아두이노의 제어 구문은 프로그램 작성에 매우 중요하므로 사용법을 숙지할 필요가 있다.

(1) if문

조건에 따라 그 다음 명령 수행을 달리하고자 할 때 사용하는 명령문

```
if(조건식) 명령문;
```

```
if(조건식)
명령문1;
else
명령문2;
```

```
if(조건식1)
명령문1;
else if(조건식2)
명령문2;
else
명령문3;
```

조건식에 따라 수행되는 명령구문이 여러 개이면 { }로 구분한다.

(2) switch ~ case문

조건식을 먼저 평가한 뒤 그 식의 값이 case 상수와 일치하는 쪽으로 분기하여 해당 명령문을 수행

```
switch(조건식)
{
case 상수 값1 :
명령문 블록1
break;
case 상수 값2 :
명령문 블록2
break;

default :
명령문 블록 n
break;
}
```

조건식에는 반드시 수식이나 값을 넣어야하며, break문은 제어문을 강제로 종료시키는 역할을 한다.

(3) for 문

특정한 명령문 블록을 일정한 횟수만큼 반복시킬 때 사용한다.

```
for(초기화; 조건식; 증 감식)
{
명령문 블록
}
```

(4) while 문

횟수를 정확하게 알지는 못하지만 반복의 조건을 알고 있을 때 사용한다.

```
while(조건식)
{
명령문 블록
}
```

4.5 아두이노 프로그램의 구성

아두이노 프로그램은 〈그림 4-1〉과 같이 초기화 구문인 setup()구문과 실제 구동 구문인 loop()구문으로 구성된다. 이외에도 필요한 헤더파일을 포함하거나 상수를 정의하는 등의 작업을 수행하는 전처리 부분이 있다.

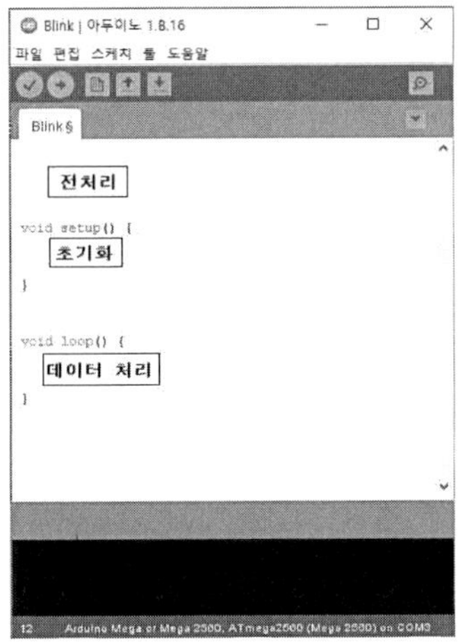

〈그림 4-1〉 아두이노 프로그램 구성

setup( )은 아두이노가 리셋(전원인가, 업로드 완료, 리셋 스위치 작동 등)후에 단 1번만 실행되며, 언제나 loop( )의 위에 있어야 한다.

변수의 초기화, 입출력 핀의 방향, 직렬포트(serial communication)초기화, 라이브러리의 시작 등을 설정할 수 있다.

loop( )는 반복 실행 구문이다. loop 구문의 마지막 명령 줄까지 모두 실행되고 나면 loop( )의 처음부터 반복하여 실행한다. 아래에 Blink예제에 대한 프로그램 구문을 예로서 제시하였다.

```
int led = 13;
void setup( ) {
pinMode (led, OUTPUT);
}
void loop( ) {
digitalWrite(led, HIGH);
delay(1000);
```

```
digitalWrite(led, LOW);
delay(1000);
}
```

4.6 컴파일 및 업로드

아두이노 통합 개발 환경(IDE)을 처음 사용하는 사용자를 위해 아두이노에서 제공하는 'Blink'예제를 이용하여 컴파일 및 장비에 업로드 하는 과정에 대해 설명한다. 아두이노 프로그램을 실행하고 '파일 → 예제 → 01.Basics → Blink'를 선택하면 〈그림 4-2〉과 같이 Blink 예제가 나타난다.

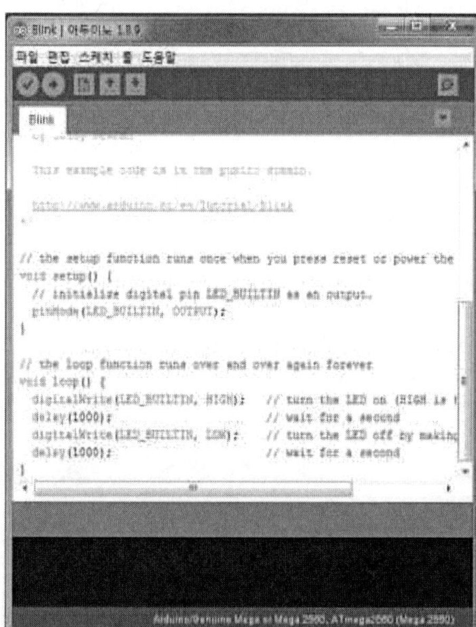

〈그림 4-2〉 Blink 예제

Blink 예제는 13번 핀에 연결된 내장 LED를 1초 간격으로 점멸하는 스케치(프로그램)이다. 아두이노 스케치는 초기화 구문인 setup()과 실제 구동 구문인 loop()로 구성된다. loop()구문은 무한히 반복해서 코드를 실행한다. 컴파일 및 장비에 업로드하기 전에 수행해야 할 과정이 있는데 컴퓨터와 장비를 USB 연결선으로 연결한 후 '툴→ 보드' 메뉴에서 〈그림 4-3〉와 같이 'Arduino/Genuino Mega or Mega 2560'을 선택한다.

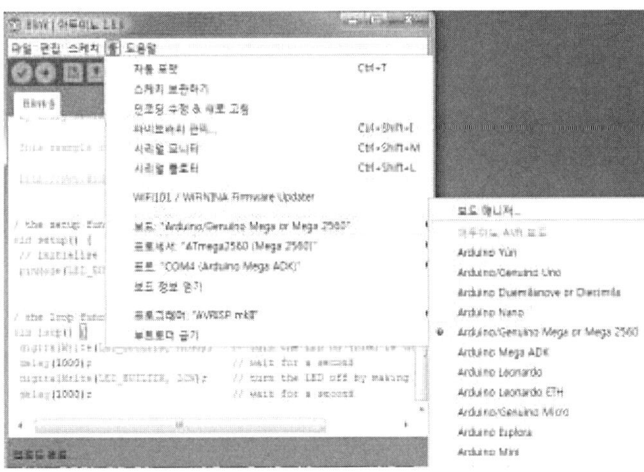

〈그림 4-3〉 아두이노 보드 선택

다음은 '툴→프로세서' 메뉴에서 〈그림 4-4〉와 같이 'ATmega 2560(Mega 2560)'을 선택한다.

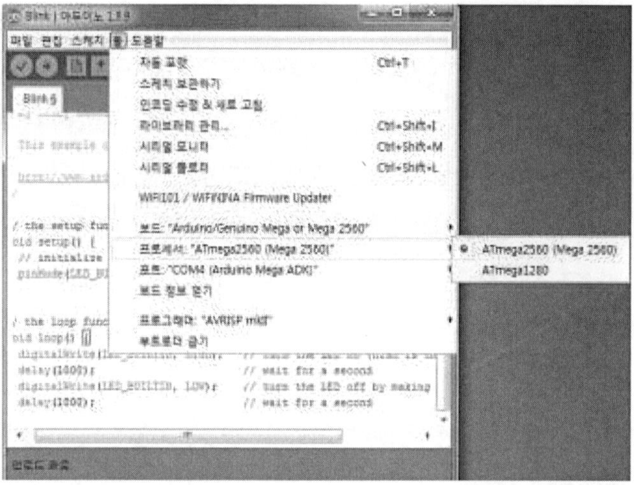

〈그림 4-4〉 프로세서 선택

다음은 제어판의 장치관리자에서 확인할 수 있는 포트번호를 '도구 → 포트'에서 설정하는데 이는 자동으로 설정된다. 설정이 끝났다면 먼저 스케치를 컴파일하자, 기본적인 기능은 아두이노의 툴바 버튼을 통해 사용할 수 있다. 툴바 버튼 중 제일 왼쪽에 있는 버튼은 '확인' 버튼으로 스케치의 문법적인 오류를 검사하는 컴파일 기능이며, 오류 발생 시 하단의 메시지 출력 창으로 오류 정보를 보여준다. 컴파일이 끝나면 '확인' 버튼 오른쪽에 있는 '업로드' 버튼을 누르면 기계어를 생성하고, 시리얼 포트를 통해 장치로 업로드 되며 '메가 2560'에 포함된 LED가 1초 간격으로 점멸되는 것을 볼 수 있다.

4.7 클래스 라이브러리 생성하기

아두이노에서 C/C++ 언어를 사용하여 스케치를 작성하는데, 캡슐화 기능을 갖는 C++는 재사용이 쉬운 클래스 라이브러리 구성을 가능케 해주며 아두이노 에서도 시리얼 통신 등을 다루기 위한 클래스 라이브러리를 제공하고 있다. 또한 HBE-Arduino-Sensor에서도 연결된 주변 장치 제어를 위한 클래스 라이브러리를 제공하고 있으며 클래스 라이브러리 함수를 이용하여 손쉽게 스케치를 작성하도록 하고 있다.

간단한 예제 라이브러리를 만들어 보면서 라이브러리와 관련된 개념을 살펴보기로 하자. 먼저 모든 라이브러리 파일을 저장할 폴더를 아두이노 문서 폴더의 하위 폴더인 'libraries' 폴더 아래에 만들어야 한다. 실제로 모든 클래스에는 일반적으로 두 개의 파일이 사용된다. 하나는 확장자가 .h인 헤더파일이고, 다른 하나는 확장자가 .cpp인 구현파일이다.

이제 'Flasher'라는 폴더를 새로 만든 후 텍스트 편집기를 열고 아래 코드를 입력한다.

```
#ifndef __FLASHER_H__
#define __FLASHER_H__
#include <inttypes.h>
#include "Arduino.h"
class Flasher{
public:
void begin(int pin);
void flash(int duration, int times);
private:
```

```
int _pin;
};
extern Flasher gFlasher;
#endif
```

이 파일은 'Flasher.h'라는 이름으로 Flasher 폴더에 저장한다. 클래스에는 두 개의 함수가 있는데 'begin'과 'flash'이며 'begin'은 핀 번호를 입력받아 초기화하는 함수이고 'flash'는 지속시간 및 점멸 횟수를 입력받아 수행하는 함수이다.

헤더 파일에서는 클래스의 틀만을 정의하였고, 실제 작업을 수행하는 구현 파일을 만들어야 한다. 텍스트 편집기를 열고 아래 코드를 입력한다.

```
#include "Arduino.h"
#include "Flasher.h"
int _pin = 0;
void Flasher::begin(int pin)
{
pinMode(pin, OUTPUT);
_pin = pin;
}
void Flasher::flash(int duration, int times)
{
for (int i = 0; i < times; i++)
{
digitalWrite(_pin, HIGH);
delay(duration);
digitalWrite(_pin, LOW);
delay(duration);
}
}
Flasher gFlasher;
```

이 파일은 'Flasher.cpp'라는 이름으로 Flasher 폴더에 저장한다.

이제 아두이노 IDE에서 사용자가 편집할 때 코드가 적절한 색으로 표현될 수 있도록 라이브러리에 사용되는 키워드를 정의하는 'Keywords.txt'라는 파일을 만들어 Flasher 폴더에 저장하여야 한다.

```
Flasher KEYWORD1
begin KEYWORD2
flash KEYWORD2
```

클래스 이름은 KEYWORD1이어야 하고, 함수는 KEYWORD2이어야 한다. 이제 Flasher 폴더에 세 개의 파일이 생성되었는지를 확인하고, 라이브러리의 사용법을 보여줄 수 있는 예제를 작성해 보자.

아두이노 프로그램을 실행하고 '파일 → 새파일'을 선택 후 아래의 코드를 작성하자.

```
#include "Flasher.h"
int ledPin = 13;
int slowDuration = 150;
int fastDuration = 50;
Flasher myFlash;
void setup(){
myFlash.begin(ledPin);
}
void loop()
{
myFlash.flash(slowDuration, 5);
delay(1000);
myFlash.flash(fastDuration, 10);
delay(2000);
}
```

작성된 스케치를 확인 및 업로드 후 수행상태를 확인하면 150ms 주기로 5번 점멸하고, 1000ms 후 50ms 주기로 10번 점멸하고 2000ms 후 다시 반복 수행되는 것을 볼 수 있다.

4.8 시리얼 모니터

(1) 개요

메가 2560의 디지털 0번 및 1번 핀은 스케치 업로드 및 시리얼 모니터 통신용으로 사용된다. 아두이노 IDE가 간단하고 편리하지만, 고급 기능인 디버깅 기능을 제공하지 않는다. 하지만 간단한 디버깅이 필요하다면 시리얼 모니터로 실행 과정 및 결과를 출력하여 디버깅에 사용할 수 있다.

〈그림 4-5〉 시리얼모니터 툴바 버튼

아두이노를 실행시키면 나타나는 툴바에서 〈그림4-5〉와 같이 맨 우측의 툴바 버튼이 시리얼 모니터이다.

컴퓨터와 HBE-Arduino-Sensor를 USB 케이블로 연결한 후 시리얼 모니터 툴바 버튼을 누르면 〈그림 4-6〉과 같이 시리얼 모니터 창이 나타난다. 시리얼 모니터에는 데이터 송수신 영역 외에도 아래쪽에 두 개의 콤보 박스가 있다. 첫 번째 콤보 박스는 문자열 전송 시 문자열 끝에 추가할 문자를 선택할 수 있도록 해주며, 두 번째 콤보 박스는 데이터 변조 속도를 설정하는 기능으로 반드시 아두이노의 보율과 연결 장치의 보율이 일치하도록 설정해야 한다. 세 번째 콤보 박스는 결과 출력 지우기이다.

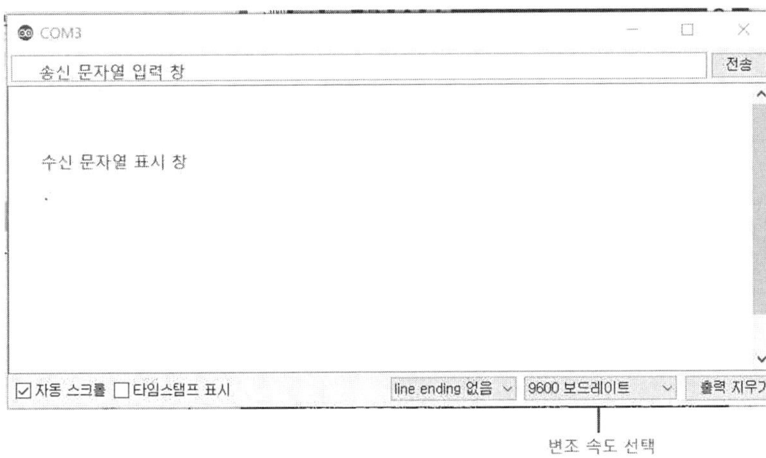

〈그림 4-6〉 시리얼 모니터

(2) 시리얼 모니터 입 · 출력 실습

3절에서 설명된 Serial 클래스 함수를 이용하여 시리얼 모니터로 데이터 출력 및 시리얼 모니터에서 데이터를 입력 받아 처리하는 방법에 대해 실습한다.

실습 4-1	문자열 출력, 주어진 정수에 대해 이진수, 십진수, 십육진수로 출력하기 및 실수의 소수점 이하 자리수를 출력하는 실습

```
void setup() {
  // put your setup code here, to run once:
  Serial.begin(9600); // 시리얼포트 초기화
}

void loop() {
  // put your main code here, to run repeatedly:
  int m =38;
  float pi = 3.1415927;
  Serial.println(" Serial Monitor Test ");
  Serial.println(m, BIN); // 2진수
  Serial.println(m);      // 10 진수
  Serial.println(m, HEX); // 16 진수

  Serial.println(pi);     // 소수점 2자리
  Serial.println(pi, 5);  // 소수점 5자리

  while(true);
}
```

✐ 결과

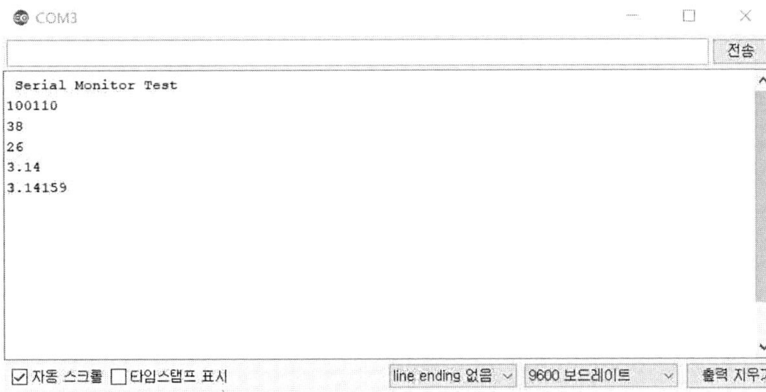
COM3
전송
Serial Monitor Test
100110
38
26
3.14
3.14159
자동 스크롤
타임스탬프 표시
line ending 없음
9600 보드레이트
출력 지우기

실습 4-2	시리얼 모니터에서 입력한 문자를 아두이노에서 수신하고, 이를 다시 시리얼 모니터로 재전송하여 출력하는 실습

```
void setup() {
  // put your setup code here, to run once:
 Serial.begin(9600); // 시리얼포트 초기화
}

void loop() {
  // put your main code here, to run repeatedly:
 if(Serial.available()>0) {
  byte data=Serial.read();

  Serial.print("Echo back : ");
  Serial.write(data);          // 문자 출력
  Serial.print(" ");
  Serial.println(data);        // ASCII값 출력
 }
}
```

✐ 결과

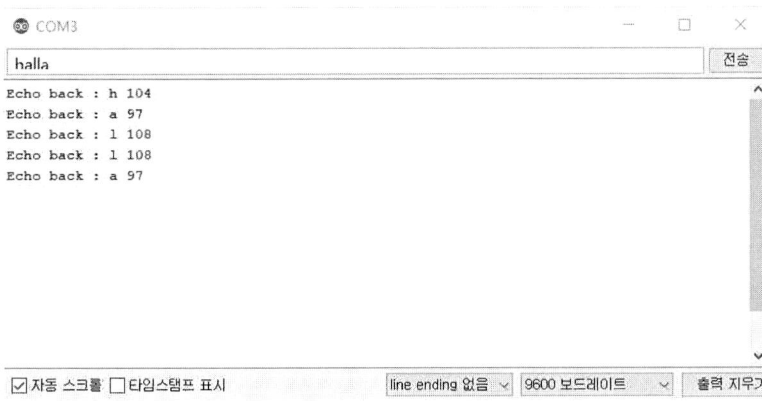
COM3
halla
전송
Echo back : h 104
Echo back : a 97
Echo back : l 108
Echo back : l 108
Echo back : a 97
자동 스크롤
타임스탬프 표시
line ending 없음
9600 보드레이트
출력 지우기

CHAPTER

05 부저 제어

부저 원리와 구동방법, 메가2560 보드와 부저 인터페이스, Buzzer 클래스 함수에 대해 설명하였으며, Buzzer 클래스 함수를 가지고 다양한 스케치를 구현함으로서 부저의 제어방법을 학습한다.

5.1 부저 원리 및 구동방법

부저(buzzer)란 전기신호를 음성으로 만들어주는 장치로서, 그 내부에 전자석과 진동을 일으키는 판으로 이루어져 있어 전자석이 진동판을 아주 빠르게 흔들면서 소리를 발생시키는 원리이다. 부저는 일반 스피커와는 달리 출력되는 주파수가 제한되어 있기 때문에 주로 단순한 용도로 사용된다.

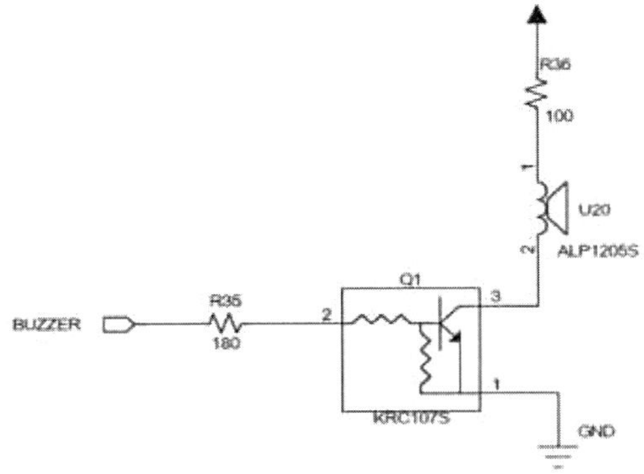

〈그림 5-1〉 부저의 인터페이스 회로도

〈그림 5-1〉은 부저의 인터페이스 회로도로서 'BUZZER'핀이 메가 2560 핀 번호 11(PB5)에 연결되어 논리 값 '1'을 받으면 부저가 동작하여 소리가 나게 되고 논리 값'0'을 받으면 소리가 멈춘다.

5.2 Buzzer 클래스 함수 및 실습

(1) 구현파일

```
#include "Buzzer.h"
#include "Arduino.h"

int buzPin=0;

void Buzzer::begin(int pinNum) {
		buzPin = pinNum;
		buzFreq = TIMER_FREQ;

		pinMode(buzPin, OUTPUT);
		bBuzOn = 0;
}

void Buzzer::On() {
		bBuzOn = 1;
		tone(buzPin, buzFreq);
}

void Buzzer::Off() {
		bBuzOn = 0;
		noTone(buzPin);
}

void Buzzer::setFreq(int freq) {
```

```
        if(bBuzOn > 0) noTone(buzPin);
        buzFreq = freq;
}

Buzzer gBuzzer;
```

(2) 클래스 함수

Buzzer 클래스 라이브러리에서 구현된 함수는 아래와 같다.

```
void begin(int pinNum)
```

연결 핀을 출력으로 설정하고 초기화한다.

```
void On()
```

설정된 주파수로 소리를 출력한다. 주파수 초기 값은 500Hz이다.

```
void Off()
```

소리를 멈추게 한다.

```
void setFreq(int Freq)
```

소리 출력 주파수를 설정한다.

(3) 실습

실습 5-1	부저를 1초 on, 2초 off가 반복되도록 하는 스케치 구현 실습

```
#include "Buzzer.h"
#define BUZ_PIN 11
Buzzer myBuzzer;

void setup() {
   myBuzzer.begin(BUZ_PIN);
}

void loop() {
   myBuzzer.On();
   delay(1000);
   myBuzzer.Off();
   delay(2000);
}
```

실습 5-2	음계와 음의 지속시간을 가지고 부저를 동작케 하는 스케치 구현 실습 아두이노 설치폴더 (../Arduino/examples/02.Digital/toneKeyboard)에서 'pitches.h' 파일을 찾아 Buzzer 폴더에 복사

```
#include "Buzzer.h"
#include "pitches.h"
#define BUZ_PIN 11
Buzzer myBuzzer
```

```
// 연주할 음이 저장된 배열, 0은 쉼표
        int notes[]={ NOTE_E3, NOTE_A4, NOTE_A4, 0,
        NOTE_A4, NOTE_E3, NOTE_A4,0, NOTE_E4, NOTE_D4,
          NOTE_C4, NOTE_B4, NOTE_A4, NOTE_B4, NOTE_C4,
            NOTE_D4, NOTE_E4, NOTE_E3, NOTE_A4,0};

        // 음의 지속시간이 저장된 배열
        int times[]={ 250, 250, 250, 250, 250, 250,
                      250, 250, 150, 150, 150, 150, 150,
                      150, 150, 150, 250, 250, 250, 250};



        void setup() {

          myBuzzer.begin(BUZ_PIN);
        }

        void loop() {
          for( int i=0; i<20; i++){
            if(notes[i]!=0)
            { myBuzzer.setFreq(notes[i]);
            myBuzzer.On();
            delay(times[i]); }
            else
            { myBuzzer.Off();
               delay(times[i]); }
             }
        }
```

▶▶ 연습문제 5.3

1. 실습 5-2와 같이 학교종 멜로디를 재생하는 스케치를 작성하시오.

2. 1에서 100까지를 입력 받아 3의 배수가 될 때 부저가 동작하는 스케치를 작성하시오.(수는 1초 간격으로 변화 한다.)

CHAPTER

06 RGB LED 제어

RGB LED 구조와 구동방법, 메가2560 보드와 RGB LED의 연결, RgbLed 클래스 함수에 대해 설명하였으며, RgbLed 클래스 함수를 가지고 다양한 스케치를 구현함으로서 RGB LED의 제어방법을 학습한다.

6.1 RGB LED 구조와 구동방법

RGB LED는 〈그림 6-1〉과 같이 하나의 LED 소자 내에 Red, Green, Blue가 모두 구성된 LED로서, 하나의 LED 모듈에 3색이 구현 되므로 크기가 작고 3색에 대한 혼합도가 높은 반면에 일반 LED에 비해 가격이 고가이며 한 색상의 LED가 손상 될 경우 전체를 교체해야 하는 단점이 있다. 주로 거리가 가까운 실내 전광판 등에 사용된다.

〈그림 6-1〉 3색 LED 단일 모듈

Red, Green, Blue의 빛을 빛의 3원색이라고 하며, 이 빛의 조합으로 원하는 색의 조합을 구성할 수 있다. 이 세 가지의 색이 모두 조합될 경우 흰색이 만들어 지는데 혼동하지 말아야 할 것이 색의 삼원색이다. 색은 섞을수록 어두워지는 감산 혼합이 되며 3색을 혼합하면 검정색이 된다. 〈표 6-1〉은 8색 LED 색상조합이다.

〈표 6–1〉 8색 LED 색상 조합

LED 색상			Color
Red	Green	Blue	
0	0	0	Black
0	0	255	Blue
0	255	0	Green
0	255	255	Cyan
255	0	0	Red
255	0	255	Magenta
255	255	0	Yellow
255	255	255	White

RGB LED의 제어는 〈그림 6-2〉와 같이 R, G, B를 별도로 동작하는 것과 마찬가지의 회로로 구성된다. R은 메가2560 핀 번호 4(PG5), G는 핀 번호 5(PE3), B는 핀 번호 6(PH3)에 연결되어 있다.

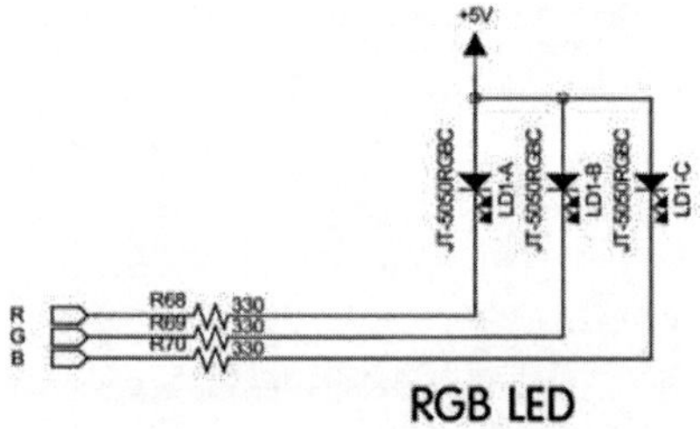

〈그림 6–2〉 RGB LED 제어회로

연결된 핀들은 전기적으로 0V(논리 0)이면 해당 LED의 불이 켜지고, 5V(논리 1)이면 불이 꺼진다. 또한 이 핀들은 PWM 기능을 갖고 있어 펄스폭을 0에서 255로 가변시킬 수 있어 빛의 밝기를 조절할 수 있다.

6.2 RgbLed 클래스의 함수 및 실습

(1) 구현파일

```
#include "RgbLed.h"
#include "Arduino.h"

void RgbLed::begin(uint8_t rPinNum, uint8_t gPinNum, uint8_t bPinNum) {

  RED = rPinNum;
  GREEN = gPinNum;
  BLUE = bPinNum;
        pinMode(RED, OUTPUT);
        pinMode(GREEN, OUTPUT);
        pinMode(BLUE, OUTPUT);
}

void RgbLed::OnRgb(uint8_t r, uint8_t g, uint8_t b) {
  analogWrite(RED, 255-r);
  analogWrite(GREEN, 255-g);
  analogWrite(BLUE, 255-b);
}

void RgbLed::On() {
        OnRgb(255, 255, 255);
```

```
}

void RgbLed::Off() {
		OnRgb(0, 0, 0);
}

RgbLed gRgbLed;
```

(2) 클래스 함수

RgbLed 클래스 라이브러리에서 구현된 함수들은 아래와 같다.

```
void begin(uint8_t rPinNum, unit8_t gPinNum, uint8_t bPinNum)
```

R,G,B의 연결 핀 번호를 입력 받아 해당 핀의 모드를 출력(OUTPUT)으로 설정해 준다.

```
void OnRgb(uint8_t r, uint8_t g, uint8_t b)
```

r, g, b의 값을 입력 받아 출력 해준다. 구현 파일에서는 255-r, 255-g, 255-b로 되어 있어 255면 켜지고 0이면 꺼진다.

```
void On()
```

OnRgb(255, 255, 255)를 준 것과 같다. white 색으로 불이 들어오게 하는 기능이다.

```
void Off()
```

OnRgb(0,0,0)을 준 것과 같다. 모든 LED에 불이 꺼져 Black이 되게 하는 기능이다.

(3) 실습

실습 6-1	RGB LED를 1초 간격으로 White색에서 Black으로 반복하여 변화하도록 하는 스케치 구현 실습

```
#include <RgbLed.h>

RgbLed myrgbled;

void setup()
{
   myrgbled.begin(4, 5, 6); // RGB LED PIN
}

void loop()
{
   myrgbled.On(); // White 색이 출력되게 한다.
   delay(1000);
   myrgbled.Off(); // Black 색이 출력되게 한다.
   delay(1000);
}
```

실습 6-2	RGB LED가 1초 간격으로 아래와 같이 색이 변하도록 스케치 구현 실습 Black ⇨ Blue ⇨ Green ⇨ Cyan ⇨ Red ⇨ Magenta ⇨ Yellow ⇨ White ⇨ Black

```
#include <RgbLed.h>
RgbLed myrgbled;
void setup()
{
    myrgbled.begin(4,5,6);
}
void loop()
{
    myrgbled.OnRgb(0,0,0); // Black
    delay( 1000 );
    myrgbled.OnRgb(0,0,255); // Blue
    delay( 1000 );
    myrgbled.OnRgb(0,255,0); // Green
    delay( 1000 );
    myrgbled.OnRgb(0,255,255); // Cyan
    delay( 1000 );
    myrgbled.OnRgb(255,0,0); // Red
    delay( 1000 );
    myrgbled.OnRgb(255,0,255); // Magenta
    delay( 1000 );
    myrgbled.OnRgb(255,255,0); // Yellow
    delay( 1000 );
    myrgbled.OnRgb(255,255,255); // White
    delay( 1000 );
}
```

실습 6-3	RGB LED가 Black에서 색이 점차적으로 변하여 2.55초 후에 Green으로 되고 다시 점차적으로 색이 변하여 2.55초 후에 Black으로 되는 것이 반복하도록 스케치 구현 실습

```
#include <RgbLed.h>
RgbLed myrgbled;

void setup() {
   myrgbled.begin(4,5,6);
}

void loop() {
   int i ;
   for (i = 0 ; i <=255 ; i++ ) { // 총 2.55 초 동안 RGB LED가
Black에서 Green 으로 변한다.
      myrgbled.OnRgb(0,i,0);
      delay( 10 );
   }
   for (i = 255 ; i >=0 ; i-- ) { // 총 2.55 초 동안 RGB LED가
Green에서 Black 으로 변한다.
      myrgbled.OnRgb(0,i,0);
      delay( 10 );
   }
}
```

▶▶ 연습문제 6.3

1. RGB LED가 Blue에서 점차적으로 색이 변하여 2.55초 후에 Red로 변했다가 다시 점차적으로 색이 변하여 2.55초 후에 Blue로 변함을 반복하는 스케치를 작성하시오.

2. RGB LED가 2.55초 간격으로 다음과 같은 순서로 색이 변하는 스케치를 작성하시오. 단 색은 2.55초 사이에 점차적으로 변해야 한다.

Black ⇨ Blue ⇨ Green ⇨ Cyan ⇨ Red ⇨ Magenta ⇨ Yellow ⇨ White ⇨ Black

CHAPTER

07 LED 제어

LED 구조와 구동방법, 메가2560 보드와 LED 제어부의 연결, LED 클래스 함수에 대해 설명하였으며, LED 클래스 함수를 가지고 다양한 스케치를 구현함으로서 LED의 제어방법을 학습한다.

7.1 LED 구조와 구동방법

LED는 PN 접합을 하는 다이오드이고 순방향으로 전원이 연결되었을 때 빛을 발산하는 다이오드로 첨가된 화학물질에 따라 다양한 색의 빛을 낼 수 있다. 일반 백열전구에 비하여 소비전력은 1/5밖에 안되고, 반응 시간은 백만 배나 빠르며, 수명은 반영구적으로 향상되어 정밀 반도체 장비검사기, 자동차 계기판 등의 전자 표시판, 전광판 ,산업기기 표시기 및 각종 교통안전 신호기 등등에 많이 사용되고 있다. LED는 두 개의 다리를 가지는데 긴 부분이 양극(Anode), 짧은 쪽이 음극(Cathode)이다.

〈그림 7-1〉은 본 실습에서 사용하고 있는 LED 제어 부의 회로도를 나타내고 있다. LED_SDA는 메가2560 핀 번호 20(PD1), LED_SCL은 핀 번호 21(PD0)에 연결되어 있으며 16bit I2C-bus I/O 확장기에 8개의 LED가 연결되어 있다. RGB LED와 마찬가지로 확장된 포트에 논리 0(0V)이 출력되면 LED가 켜지고, 논리 1(5V)이 출력되면 LED가

꺼진다. I2C는 장치의 주소를 갖고 연결되는데 장치의 주소는 36, 이진수로는 0100100이다.

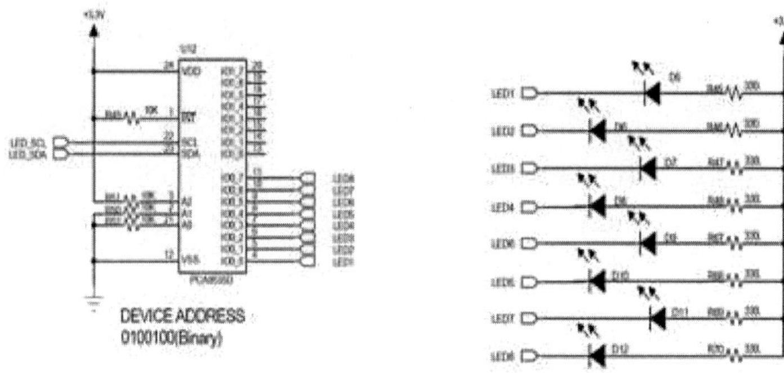

〈그림 7-1〉 LED 제어 부 회로도

PCA9875에는 두 그룹의 8비트 입/출력 포트를 가지고 있는데, 〈표 7-1〉은 8개의 레지스터 및 레지스터 선택을 위한 Command를 나타낸다.

〈표 7-1〉 PCA9875 레지스터

Command	Register
0	Input port 0
1	Input port 1
2	Output port 0
3	Output port 1
4	Polarity Inversion port 0
5	Polarity Inversion port 1
6	Configuration port 0
7	Configuration port 1

각 포트를 입력 또는 출력으로 사용하기 위해서는 각 그룹의 Configuration 레지스터의 비트 값을 '1'로 설정하면 입력 포트로, '0'로 설정하면 출력 포트로 작용한다.

7.2 LED 클래스 함수 및 실습

(1) 구현파일

```
#include "LED.h"
#include "Arduino.h"

void LED::begin(int addr) {
            ledAddr = addr;

            Wire.begin();
            Wire.beginTransmission(ledAddr);
            Wire.write(REG_IOSETA);
            Wire.write(byte(0));
            Wire.endTransmission();

            ledState = 0;
            setLed(ledState);
}

void LED::setLed(uint8_t led) {
  uint8_t led_mask = 0;
            Wire.beginTransmission(ledAddr);
            Wire.write(REG_PORTA);
```

```
            led_mask = led&0x30;
            led &= 0xCF;
            if(led_mask == 0x10) led |= 0x20;
            else if(led_mask == 0x20)led |= 0x10;
  else if(led_mask == 0x30) led |= 0x30;
            Wire.write(~led);
            Wire.endTransmission();
}

void LED::On(uint8_t ledNum) {
            ledState |= (1 << (ledNum-1));
            setLed(ledState);
}

void LED::Off(uint8_t ledNum) {
            ledState &= ~(1<< (ledNum-1));
            setLed(ledState);
}

void LED::AllOn() {
            ledState = 0xFF;
            setLed(ledState);
}

void LED::AllOff() {
            ledState = 0;
            setLed(ledState);
}

void LED::ShiftRight() {
            int temp = 0;
```

```
        if(ledState & 1) temp=0x80;
        ledState = (ledState >> 1) | temp;
        setLed(ledState);
}

void LED::ShiftLeft() {
        int temp = 0;

        if(ledState & 0x80) temp = 1;
        ledState = (ledState << 1) | temp;
        setLed(ledState);
}

LED gLED;
```

(2) 클래스함수

LED 클래스 라이브러리에서 구현된 함수들은 아래와 같다.

```
void begin(int addr)
```

장치 주소를 받아 확장된 포트에 연결된 LED에 논리 1(5V)을 주어 LED가 모두 꺼진 상태로 초기화 한다.

```
void On(uint8_t ledNum)
```

입력 받은 ledNum 값에 해당하는 LED를 켠다.

```
void Off(uint8_t ledNum)
```

입력 받은 ledNum 값에 해당하는 LED를 끈다.

```
void AllOn()
```

모든 LED를 켠다.

```
void AllOff()
```

모든 LED를 끈다.

```
void ShiftRight()
```

LED가 오른쪽으로 이동하면서 켜지게 한다.

```
void ShiftLeft()
```

LED가 왼쪽으로 이동하면서 켜지게 한다.

(3) 실습

실습 7-1	LED 전체를 0.5초 간격으로 ON → OFF를 무한히 반복하는 스케치 구현 실습

```
#include <LED.h>

LED myled;

void setup()
{
myled.begin(36);
}

void loop()
{
   myled.AllOn();
   delay( 500 ); // 0.5 초 지연
   myled.AllOff();
   delay( 500 ); // 0.5 초 지연
}
```

실습 7-2	LED 1부터 4까지 그리고 4부터 8까지 0.3초 단위로 번갈아가면서 ON → OFF를 무한히 반복하는 스케치 구현 실습

```
#include <LED.h>

LED myled;

void setup() {
myled.begin(36);
}

void loop() {
myled.On(1);
myled.On(2);
myled.On(3);
myled.On(4);
myled.Off(5);
myled.Off(6);
myled.Off(7);
myled.Off(8);
delay( 300 ); // 0.3초 시간 지연
myled.Off(1);
myled.Off(2);
myled.Off(3);
myled.Off(4);
myled.On(5);
myled.On(6);
myled.On(7);
myled.On(8);
delay( 300 ); // 0.3초 시간 지연
}
```

실습 7-3	LED가 1부터 8까지 0.5초 간격으로 왼쪽으로 이동하면서 켜지는 무한히 반복하는 스케치 구현 실습

```
#include <LED.h>


LED myled;
void setup() {
  // put your setup code here, to run once:

myled.begin(36);
myled.On(1);
}


void loop() {
  // put your main code here, to run repeatedly:
myled.ShiftLeft();
delay(1000);
}
```

▶▶ 연습문제 7.3

1. LED가 1,2번 7,8번이 0.3초 단위로 ON → OFF를 무한히 반복하는 스케치를 작성하시오.

2. LED가 8번부터 1번으로 0.5초 간격으로 우측 이동하면서 켜지는 것이 무한히 반복하는 스케치를 작성하시오.

3. 0에서 15까지의 수를 2진수로 변환하여 자리의 값이 1이 되면 LED가 ON 되고 0이 되면 LED가 OFF 되는 스케치를 작성하시오 (수의 변화는 1초 단위로 이루어짐).

4. 1에서 15를 입력받아 2로 나누어지면 LED 1번에서 4번이 켜지고, 3으로 나누어지면 LED 5번에서 8번이 켜지고, 2와 3으로 모두 나누어지면 LED 모두가 켜지는 스케치를 작성하시오(수의 변화는 1초 단위로 이루어짐).

CHAPTER 08 FND 제어

FND(Flexible Numeric Display) 구조와 구동방법, 메가2560 보드와 FND 제어부의 연결, LED 클래스 함수에 대해 설명하였으며, FND 클래스 함수를 가지고 다양한 스케치를 구현함으로서 FND의 제어방법을 학습한다.

8.1 FND 구조와 구동방법

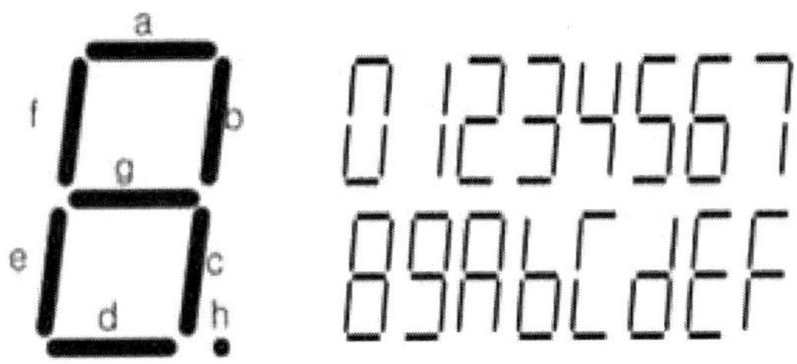

〈그림 8-1〉 FND의 LED배치 및 표시 예

일반적으로 FND는 Flexible Numeric Display를 나타내는 말로 7개의 LED소자를 이용해서 숫자 또는 문자를 표시 할 수 있기 때문에 7-Segment LED라고 한다. FND는 일반 산업현장에서 가장 많이 사용되는 표시장치이다. 〈그림 8-1〉은 FND의 LED배치 및 표시 예를 보여준다.

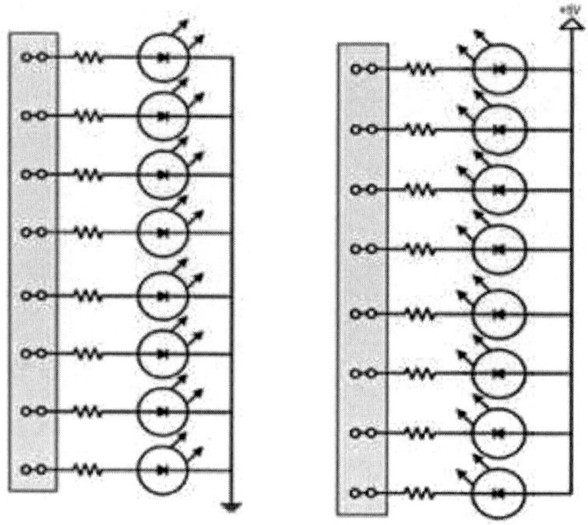

〈그림 8-2〉 캐소드 공통 형 및 애노드 공통 형 FND

FND에서 〈그림 8-2〉과 같이 캐소드 공통 형 FND와 애노드 공통 형 FND가 있다. 캐소드 공통형의 FND는 FND를 구성하는 LED의 캐소드 단자가 공통으로 연결된 형태를 취한다. 캐소드가 공통으로 연결되기 때문에, 각 데이터 라인이 애노드 단자가 되고 캐소드 단자에 비해 데이터 라인의 전압이 높게(논리 1) 인가될 때 해당 LED가 켜진다.

애노드 공통형의 FND는 FND를 구성하는 LED의 애노드 단자가 공통으로 연결된 형태를 취한다. 애노드가 공통으로 연결되기 때문에, 각 데이터 라인이 캐소드 단자가 되고, 애노드 단자에 비해 데이터 라인의 전압이 낮게(논리 0) 인가될 때 해당 LED가 켜진다.

〈그림 8-3〉은 본 실습에서 사용하고 있는 FND 부분의 회로도를 나타내고 있다. 애노드 공통 형 FND 4개가 설치되어 있으며, 2개의 16bit I2C-bus I/O 확장기에 각각 2개씩 연결되어 있다. FND_SDA는

메가2560 핀 번호 20(PD1), FND_SCL은 핀 번호 21(PD0)에 연결되며 장치의 주소는 38(01001102)과 32(01000002)이다. 장치 주소를 통하여 FND를 선택할 수 있다.

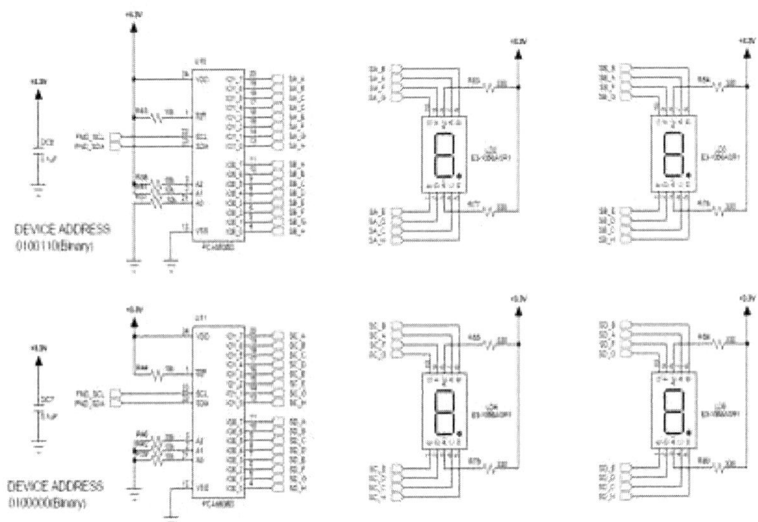

〈그림 8-2〉 FND 제어 부 회로도

8.2 FND 클래스 함수 및 실습

(1) 구현파일

```
#include "FND.h"
#include "Arduino.h"

uint8_t fndData[16] = {0x03, 0x9f, 0x25, 0x0d, 0x99, 0x49, 0x41,
            0x1f, 0x01, 0x09, 0x11, 0xc1, 0xe5, 0x85, 0x61, 0x71};
```

```
void FND::begin(int addr1, int addr2) {
        fndAddr1 = addr1;
        fndAddr2 = addr2;

        Wire.begin();

        Wire.beginTransmission(fndAddr1);
        Wire.write(REG_IOSETA);
        Wire.write(byte(0));
        Wire.endTransmission();

        Wire.beginTransmission(fndAddr1);
        Wire.write(REG_IOSETB);
        Wire.write(byte(0));
        Wire.endTransmission();

        Wire.beginTransmission(fndAddr2);
        Wire.write(REG_IOSETA);
        Wire.write(byte(0));
        Wire.endTransmission();

        Wire.beginTransmission(fndAddr2);
        Wire.write(REG_IOSETB);
        Wire.write(byte(0));
        Wire.endTransmission();

        setAllNum(0,0,0,0);
}

void FND::setFndVal(uint8_t addr, uint8_t reg, uint8_t val) {
        Wire.beginTransmission(addr);
        Wire.write(reg);
```

```
		Wire.write(val);
		Wire.endTransmission();
}

void FND::setNum(uint8_t fndNum, uint8_t fndVal, uint8_t bDot) {
		uint8_t addr=0;
		uint8_t reg=0;
		uint8_t val=fndData[fndVal];

		if(fndVal > 0xf) return;
		if(bDot > 0) val--;

		switch(fndNum) {
		case 1:
				addr = fndAddr1;  reg = REG_PORTB;  break;
		case 2:
				addr = fndAddr1;  reg = REG_PORTA;  break;
		case 3:
				addr = fndAddr2;  reg = REG_PORTB;  break;
		case 4:
				addr = fndAddr2;  reg = REG_PORTA;  break;
		}

		setFndVal(addr, reg, val);
}

void FND::setAllNum(uint8_t num1, uint8_t num2, uint8_t num3, uint8_t
num4) {
		setNum(1, num1);
		setNum(2, num2);
		setNum(3, num3);
		setNum(4, num4);
```

```
}

void FND::setAllNum(int num) {
		int temp = num;

		if(temp > 9999) temp -= 10000;

		setNum(1, temp/1000);
		temp = temp % 1000;

		setNum(2, temp/100);
		temp = temp % 100;

		setNum(3, temp/10);
		temp = temp % 10;

		setNum(4, temp);
}

FND gFND;
```

(2) 클래스함수

FND 클래스 라이브러리에서 구현된 함수는 아래와 같다.

```
void begin(int addr1, int addr2)
```

장치의 주소 값을 받아 FND를 모두 0으로 표시한다.

```
void setAllNum(uint8_t num1, uint8_t num2, uint8_t num3,
uint8_t num4)
```

해당 FND에 주어진 값을 표시한다. 10에서 15가 주어지면 A에서 F로 표시된다.

```
void setAllNum(int num)
```

주어진 10진수를 FND에 표시한다.

```
void setNum(uint8_t fndNum, uint8_t fndval, uint8_t bDot)
```

주어진 하나의 FND에 값을 표시한다. fndNum은 FND 번호로서 제일 좌측이 1번이고 제일 우측이 4번이다. fndval는 표시하고자하는 값이고, bDot 값이 1이면 도트를 표시하고, 0이면 도트를 표시하지 않는다.

(3) 실습

실습 8-1 FND에 '1234'가 표시되도록 하는 스케치 구현

```
#include <FND.h>
FND myfnd;


void setup()
{
  myfnd.begin(38,32);
}


void loop()
{
   myfnd.setAllNum(1,2,3,4); // FND에 '1234'가 표시되도록 한다.
}
```

실습 8-2	FND 오른쪽 두 자리를 이용하여 십진수 '00'에서 '99'까지 0.1초에 1씩 증가하는 스케치 구현

```
#include 〈FND.h〉
FND myfnd;
void setup()
{
   myfnd.begin(38,32);
}
void loop()
{
   int i ;
   for( i = 0 ; i 〈= 99 ; i ++ ) { //'00' 부터 '99' 까지 0.1초 단위로 증가
       myfnd.setAllNum(i);
       delay(100); // 0.1초 시간 딜레이
     }
}
```

실습 8-3	FND 오른쪽 두 자리를 이용하여 16진수 '00'에서 'FF'까지 0.1초에 1씩 증가하는 스케치 구현

```
#include <FND.h>
FND myfnd;

void setup() {
  // put your setup code here, to run once:
   myfnd.begin(38,32);
}

void loop() {
  // put your main code here, to run repeatedly:
uint8_t i, fnd3_val, fnd4_val ;
  for( i = 0 ; i <= 255 ; i ++ ) { //'00' 부터 'FF' 까지 0.1초 단
위로 증가한다
    fnd4_val = i%16;
    fnd3_val =( i/16 )%16;
     myfnd.setNum(4,fnd4_val);
     myfnd.setNum(3,fnd3_val);
     delay(100); // 0.1초 시간 딜레이
    }

}
```

▶▶ 연습문제 8.3

1. '99'에서 '00'까지 0.1초 간격으로 1씩 감소되는 스케치를 작성하시오.

2. 좌측 2개의 FND는 분을, 우측 2개는 초를 표시하도록 하여 00.00에서 1초씩 증가하여 03.00이 되도록 스케치를 작성하시오.

3. 0에서 15까지를 4bit 이진수로 변환하여 FND에 1초 간격으로 표시하는 스케치를 작성하시오.

CHAPTER

09 RGB LCD 제어

RGB LCD 구조와 구동방법, 메가2560 보드와 RGB LCD 인터페이스, RgbLcd 클래스 함수에 대해 설명하였으며, RgbLcd 클래스 함수를 가지고 다양한 스케치를 구현함으로서 RGB LCD의 제어방법을 학습한다.

9.1 RGB LCD 구조 및 구동방법

액정(liquid Crystal)은 액체이면서 고체의 성질을 띠는 물질로, 1800년대 처음 발견되었고 1960년대 후반에 디스플레이로 처음 만들어졌다. RGB LCD는 고정된 위치에 영문자와 숫자 등을 표시할 수 있어 간단한 메시지 출력에 흔히 사용되며, RGB의 조합으로 백라이트(backlight) 기능을 갖고 있다.

RGB LCD는 편의상 디스플레이 부와 컨트롤러가 하나로 되어있는 LCD 모듈형태로 시판되고 있는데 본 장비에서는 16문자/2라인디스플레이와 HD44780을 내장하고 있는 모듈을 사용한다.

〈그림 9-1〉은 LCD 제어기(HD 44780)의 내부 구조를 나타낸 것이다. 레지스터 IR(Instruction Register)과 DR(Data Register) 그리고 메모리, CG ROM(Character Generator ROM)과 CG RAM(Character Generator RAM) 및 DD RAM(Display Data RAM)이 내장되어 있다.

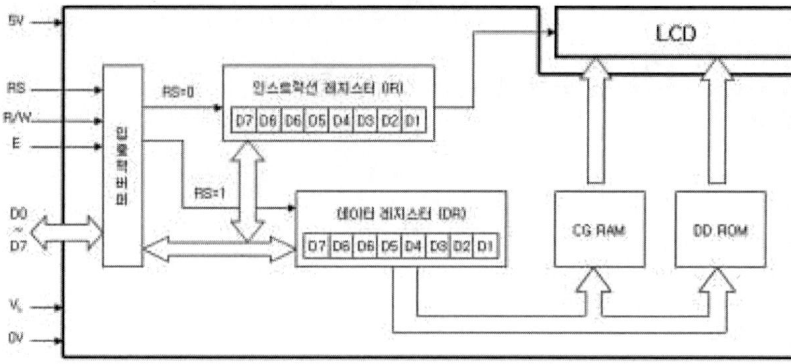

〈그림 9–1〉 LCD 제어기(HD44780)의 내부 구조

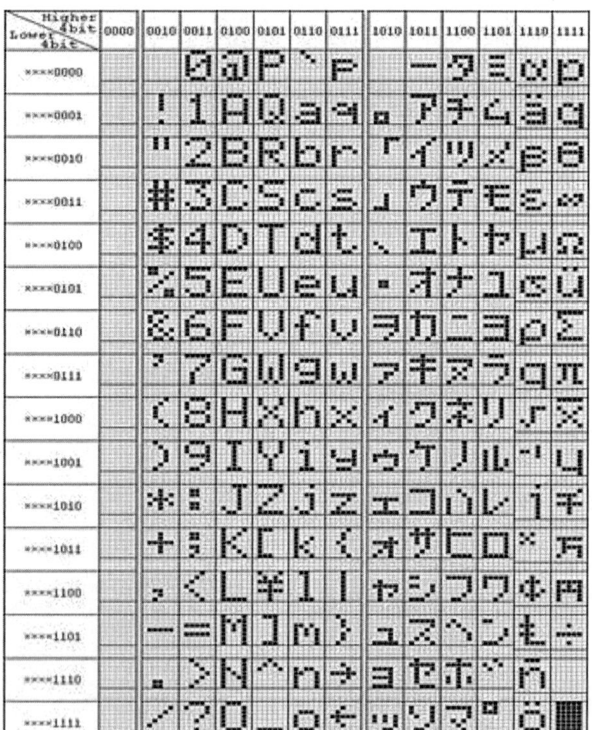

〈그림 9–2〉 CG ROM의 내용

CG ROM은 8비트 문자 패턴을 저장하고 있는 메모리로서 〈그림 9-2〉와 같이 208개의 5X8도트 문자 패턴을 저장하고 있으며 문자코드 0x3F까지는 ASCII코드와 일치한다.

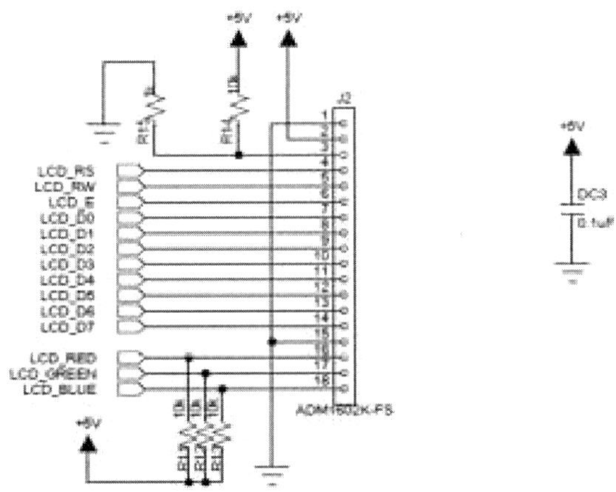

〈그림 9-3〉 RGB LCD 인터페이스 회로

〈그림 9-3〉은 RGB LCD 인터페이스 회로 설계도로서 〈표 9-1〉과 같이 인터페이스 단자의 기능 및 메가2560과의 연결 핀을 표시한 것이다.

〈표 9-1〉 RGB LCD 인터페이스 단자의 기능

단자 기호	기능	메가2560 핀 번호
LCD_RS	L : 명령 입력 (IR 선택) H : 데이터 입력 (DR 선택)	62(PK0)
LCD_R/W	L : 쓰기 (CPU → LCD 모듈) H : 읽기 (CPU → LCD 모듈)	63(PK1)
LCD_E	LCD 모듈의 허가 신호	64(PK2)

LCD_D0	4비트 데이터 버스 이용 시 사용 불가	8비트 데이터 버스 이용 시 모두 사용	
LCD_D1			
LCD_D2			
LCD_D3			
LCD_D4	4비트 데이터 버스 이용 시 사용가능		45(PL4)
LCD_D5			44(PL5)
LCD_D6			43(PL6)
LCD_D7			42(PL7)
LCD_RED	백라이트 빛의 색깔을 RED로 함		65(PK3)
LCD_GREEN	백라이트 빛의 색깔을 GREEN으로 함		66(PK4)
LCD_BLUE	백라이트 빛의 색깔을 BLUE로 함		67(PK5)

주) R, G, B의 조합으로 백라이트 색상을 조절할 수 있음.

9.2 RgbLcd 클래스 함수 및 실습

(1) 구현파일

```
#include "RgbLcd.h"

#include <stdio.h>
#include <string.h>
#include <inttypes.h>
#include "Arduino.h"

void RgbLcd::init(uint8_t fourbitmode, uint8_t rs, uint8_t rw, uint8_t enable,
                  uint8_t d0, uint8_t d1, uint8_t d2, uint8_t d3,
                  uint8_t d4, uint8_t d5, uint8_t d6, uint8_t d7)
{
  _rs_pin = rs;
```

```
  _rw_pin = rw;
  _enable_pin = enable;

  _data_pins[0] = d0;
  _data_pins[1] = d1;
  _data_pins[2] = d2;
  _data_pins[3] = d3;
  _data_pins[4] = d4;
  _data_pins[5] = d5;
  _data_pins[6] = d6;
  _data_pins[7] = d7;

  pinMode(_rs_pin, OUTPUT);
  // we can save 1 pin by not using RW. Indicate by passing 255 instead of
pin#
  if (_rw_pin != 255) {
    pinMode(_rw_pin, OUTPUT);
  }
  pinMode(_enable_pin, OUTPUT);

  if (fourbitmode)
    _displayfunction = LCD_4BITMODE | LCD_1LINE | LCD_5x8DOTS;
  else
    _displayfunction = LCD_8BITMODE | LCD_1LINE | LCD_5x8DOTS;

  begin(16, 1);
}
void RgbLcd::begin(uint8_t rs,  uint8_t rw, uint8_t enable, uint8_t r, uint8_t g,
uint8_t b, uint8_t d0, uint8_t d1, uint8_t d2, uint8_t d3, uint8_t cols, uint8_t
lines, uint8_t dotsize) {

  init(1, rs, rw, enable, d0, d1, d2, d3, 0, 0, 0, 0);
```

```
  setRgb(r, g, b);
  begin(cols, lines);
}

void RgbLcd::begin(uint8_t cols, uint8_t lines, uint8_t dotsize) {
  if (lines > 1) {
    _displayfunction |= LCD_2LINE;
  }
  _numlines = lines;
  _currline = 0;

  // for some 1 line displays you can select a 10 pixel high font
  if ((dotsize != 0) && (lines == 1)) {
    _displayfunction |= LCD_5x10DOTS;
  }

  // SEE PAGE 45/46 FOR INITIALIZATION SPECIFICATION!
  // according to datasheet, we need at least 40ms after power rises above 2.7V
  // before sending commands. Arduino can turn on way befer 4.5V so we'll
wait 50
  delayMicroseconds(50000);
  // Now we pull both RS and R/W low to begin commands
  digitalWrite(_rs_pin, LOW);
  digitalWrite(_enable_pin, LOW);
  if (_rw_pin != 255) {
    digitalWrite(_rw_pin, LOW);
  }

  //put the LCD into 4 bit or 8 bit mode
  if (! (_displayfunction & LCD_8BITMODE)) {
    // this is according to the hitachi HD44780 datasheet
    // figure 24, pg 46
```

```
    // we start in 8bit mode, try to set 4 bit mode
    write4bits(0x03);
    delayMicroseconds(4500); // wait min 4.1ms

    // second try
    write4bits(0x03);
    delayMicroseconds(4500); // wait min 4.1ms

    // third go!
    write4bits(0x03);
    delayMicroseconds(150);

    // finally, set to 4-bit interface
    write4bits(0x02);
  } else {
    // this is according to the hitachi HD44780 datasheet
    // page 45 figure 23

    // Send function set command sequence
    command(LCD_FUNCTIONSET | _displayfunction);
    delayMicroseconds(4500);  // wait more than 4.1ms

    // second try
    command(LCD_FUNCTIONSET | _displayfunction);
    delayMicroseconds(150);

    // third go
    command(LCD_FUNCTIONSET | _displayfunction);
  }

  // finally, set # lines, font size, etc.
```

```
  command(LCD_FUNCTIONSET | _displayfunction);

  // turn the display on with no cursor or blinking default
  _displaycontrol = LCD_DISPLAYON | LCD_CURSOROFF | LCD_BLINKOFF;
  display();

  // clear it off
  clear();

  // Initialize to default text direction (for romance languages)
  _displaymode = LCD_ENTRYLEFT | LCD_ENTRYSHIFTDECREMENT;
  // set the entry mode
  command(LCD_ENTRYMODESET | _displaymode);

}

void RgbLcd::setRgb(uint8_t r, uint8_t g, uint8_t b) {
        _r_pin = r;
        _g_pin = g;
        _b_pin = b;

        pinMode(_r_pin, OUTPUT);
        pinMode(_g_pin, OUTPUT);
        pinMode(_b_pin, OUTPUT);

        digitalWrite(_r_pin, LOW);
        digitalWrite(_g_pin, LOW);
        digitalWrite(_b_pin, LOW);
}

/********** high level commands, for the user! */
void RgbLcd::clear()
```

```
{
  command(LCD_CLEARDISPLAY);  // clear display, set cursor position to zero
  delayMicroseconds(2000);  // this command takes a long time!
}

void RgbLcd::home()
{
  command(LCD_RETURNHOME);  // set cursor position to zero
  delayMicroseconds(2000);  // this command takes a long time!
}

void RgbLcd::onBacklight(uint8_t rgb, uint8_t bOn) {
		if(rgb > 2) return;

		switch(rgb) {
			case RGB_R:
				onBacklightRed(bOn);		break;
			case RGB_G:
				onBacklightGreen(bOn);		break;
			case RGB_B:
				onBacklightBlue(bOn);		break;
		}
}

void RgbLcd::onBacklightRed(uint8_t bOn) {
		digitalWrite(_r_pin, bOn);
}

void RgbLcd::onBacklightGreen(uint8_t bOn) {
		digitalWrite(_g_pin, bOn);
}
```

```
void RgbLcd::onBacklightBlue(uint8_t bOn) {
        digitalWrite(_b_pin, bOn);
}

void RgbLcd::setCursor(uint8_t col, uint8_t row)
{
  int row_offsets[] = { 0x00, 0x40, 0x14, 0x54 };
  if ( row >= _numlines ) {
    row = _numlines-1;    // we count rows starting w/0
  }

  command(LCD_SETDDRAMADDR | (col + row_offsets[row]));
}



// Turn the display on/off (quickly)
void RgbLcd::noDisplay() {
  _displaycontrol &= ~LCD_DISPLAYON;
  command(LCD_DISPLAYCONTROL | _displaycontrol);
}
void RgbLcd::display() {
  _displaycontrol |= LCD_DISPLAYON;
  command(LCD_DISPLAYCONTROL | _displaycontrol);
}

// Turns the underline cursor on/off
void RgbLcd::noCursor() {
  _displaycontrol &= ~LCD_CURSORON;
  command(LCD_DISPLAYCONTROL | _displaycontrol);
}
void RgbLcd::cursor() {
  _displaycontrol |= LCD_CURSORON;
```

```
  command(LCD_DISPLAYCONTROL | _displaycontrol);
}

// Turn on and off the blinking cursor
void RgbLcd::noBlink() {
  _displaycontrol &= ~LCD_BLINKON;
  command(LCD_DISPLAYCONTROL | _displaycontrol);
}
void RgbLcd::blink() {
  _displaycontrol |= LCD_BLINKON;
  command(LCD_DISPLAYCONTROL | _displaycontrol);
}

// These commands scroll the display without changing the RAM
void RgbLcd::scrollDisplayLeft(void) {
  command(LCD_CURSORSHIFT | LCD_DISPLAYMOVE | LCD_MOVELEFT);
}
void RgbLcd::scrollDisplayRight(void) {
  command(LCD_CURSORSHIFT | LCD_DISPLAYMOVE | LCD_MOVERIGHT);
}

// This is for text that flows Left to Right
void RgbLcd::leftToRight(void) {
  _displaymode |= LCD_ENTRYLEFT;
  command(LCD_ENTRYMODESET | _displaymode);
}

// This is for text that flows Right to Left
void RgbLcd::rightToLeft(void) {
  _displaymode &= ~LCD_ENTRYLEFT;
  command(LCD_ENTRYMODESET | _displaymode);
}
```

```
// This will 'right justify' text from the cursor
void RgbLcd::autoscroll(void) {
  _displaymode |= LCD_ENTRYSHIFTINCREMENT;
  command(LCD_ENTRYMODESET | _displaymode);
}

// This will 'left justify' text from the cursor
void RgbLcd::noAutoscroll(void) {
  _displaymode &= ~LCD_ENTRYSHIFTINCREMENT;
  command(LCD_ENTRYMODESET | _displaymode);
}

// Allows us to fill the first 8 CGRAM locations
// with custom characters
void RgbLcd::createChar(uint8_t location, uint8_t charmap[]) {
  location &= 0x7; // we only have 8 locations 0-7
  command(LCD_SETCGRAMADDR | (location << 3));
  for (int i=0; i<8; i++) {
    write(charmap[i]);
  }
}

/*********** mid level commands, for sending data/cmds */

inline void RgbLcd::command(uint8_t value) {
  send(value, LOW);
}

inline size_t RgbLcd::write(uint8_t value) {
  send(value, HIGH);
  return 1; // assume sucess
```

```
}

/*********** low level data pushing commands **********/

// write either command or data, with automatic 4/8-bit selection
void RgbLcd::send(uint8_t value, uint8_t mode) {
  digitalWrite(_rs_pin, mode);

  // if there is a RW pin indicated, set it low to Write
  if (_rw_pin != 255) {
    digitalWrite(_rw_pin, LOW);
  }

  if (_displayfunction & LCD_8BITMODE) {
    write8bits(value);
  } else {
    write4bits(value>>4);
    write4bits(value);
  }
}

void RgbLcd::pulseEnable(void) {
  digitalWrite(_enable_pin, LOW);
  delayMicroseconds(1);
  digitalWrite(_enable_pin, HIGH);
  delayMicroseconds(1);    // enable pulse must be >450ns
  digitalWrite(_enable_pin, LOW);
  delayMicroseconds(100);   // commands need > 37us to settle
}

void RgbLcd::write4bits(uint8_t value) {
  for (int i = 0; i < 4; i++) {
```

```
    pinMode(_data_pins[i], OUTPUT);
    digitalWrite(_data_pins[i], (value >> i) & 0x01);
  }

  pulseEnable();
}

void RgbLcd::write8bits(uint8_t value) {
  for (int i = 0; i < 8; i++) {
    pinMode(_data_pins[i], OUTPUT);
    digitalWrite(_data_pins[i], (value >> i) & 0x01);
  }

  pulseEnable();
}

RgbLcd gRgbLcd;
```

(2) 클래스 함수

아두이노에서 제공되는 Liquid Crystal 클래스를 기반으로 구현된 RgbLcd 클래스 함수들은 아래와 같다.

```
void begin(uint8_t rs, uint8_t rw, uint8_t enable, uint8_t r, uint8_tg, uint8_t b, uint8_t d4, uint8_t d5, uint8_t d6, uint8_t d7, uint8_t cols, uint8_t lines)
```

RGB LCD 객체를 초기화한다. 4bit 모드를 사용하며, 행과 열의 개수를 지정한다. 2 라인 설정 시 5×8 폰트만을 사용할 수 있다.

```
void onBacklight(uint8_t rgb, uint8_t b0n)
```

백라이트 색상을 지정한다. rgb가 0이면 'Red', 1이면 'Green', 2면 'Blue'이고, b0n이 0이면 백라이트가 꺼진다.

```
void onBacklightRed(uint8_t bOn)
void onBacklightGreen(uint8_t bOn)
void onBacklightBlue(uint8_t bOn)
```

백라이트 색상을 'Red', 'Green', 'Blue' 각각의 색상을 지정하는 함수로서 bOn 인자 값 생략 시는 기본 값 1을 갖고, bOn이 0이면 지정한 백라이트가 꺼진다.

```
void clear()
```

디스플레이 데이터 램의 내용을 지우고, 커서의 위치를 (0,0)으로 설정한다.

```
void home()
```

커서의 위치만 (0,0)으로 설정한다.

```
void display()
void noDisplay()
```

디스플레이를 on/off 한다.

```
void cursor()
void noCursor()
```

표시 문자 하단의 커서를 on/off 한다.

```
void blink()
void noBlink()
```

깜박거리는 커서를 on/off 한다.

```
void scrollDisplayLeft()
void scrollDisplayRight()
```

디스플레이 데이터 RAM의 내용이 변화하지 않고 디스플레이를 좌로, 우로 이동시킨다.

```
void setCursor(uint8_t col, uint8_t row)
```

임의의 위치에 문자를 출력하기 위해서 주어진 행과 열의 위치로 커서를 옮긴다. 좌상 단이 (0,0)으로 커서 위치의 기준점이 된다.

```
size_t write(uint8_t ch)
```

바이트 단위의 문자를 출력한다.

```
size_t print(value, format)
```

문자열 단위의 출력함수이다. 특히 print 함수는 문자열은 물론 숫자를 출력할 수 있으며, 숫자 출력 시 format에 정수는 진법을, 실수는 소수점이하 자릿수를 지정할 수 있다.

(3) 실습

실습 9-1	LCD를 초기화하고 백라이트 색은 Green으로 한 상태에서 첫 번째 줄에 'WelCome!' 이라는 글자가 표시되는 스케치 구현 실습

```
#include "RgbLcd.h"
RgbLcd lcd;

void setup(){
    // LCD 핀번호 설정, 마지막 16,2는 LCD가 16 by 2라는 뜻이다.
   lcd.begin(62, 63, 64, 65, 66, 67, 45, 44, 43, 42, 16, 2);
   lcd.onBacklightGreen();
   lcd.print("WelCome!");
}

void loop()
{
}
```

실습 9-2	실습 8-1의 스케치에서 백라이트 색을 Yellow로 바꾸고, LCD 두 번째 줄 첫 자리에 1초에 1씩 증가하여 숫자가 표시되도록 스케치 구현 실습

```
#include "RgbLcd.h"
RgbLcd lcd;

void setup(){
    //LCD 핀 번호 설정, 마지막 16,2는 LCD가 16 by 2라는 뜻이다.
   lcd.begin(62, 63, 64, 65, 66, 67,45, 44, 43, 42, 16, 2);
   lcd.onBacklight(0,1);
   lcd.onBacklight(1,1);
   lcd.print("welCome!");
}

void loop()
{
  // 커서를 두 번째 줄 첫 번째 칸으로 옮긴다.
   lcd.setCursor(0, 1);
   // 리셋이 될 때 까지 숫자가 1초에 1씩 증가하도록 하다.
   lcd.print(millis()/1000);
}
```

실습 9-3	백라이트 색은 Blue로 한 상태에서 첫 번째 줄에 'Hello World!!'라는 글자가 표시되도록 한 후 1초에 한 칸씩 왼쪽으로 16칸이 스크롤 되었다가 다시 오른쪽으로 16칸이 스크롤 되는 스케치 구현 실습

```
#include "RgbLcd.h"
RgbLcd lcd;
void setup(){
    //LCD 핀 번호 설정, 마지막 16, 2는 LCD가 16 by 2라는 뜻이다.
   lcd.begin(62, 63, 64, 65, 66, 67,45, 44, 43, 42, 16, 2);
   lcd.onBacklightBlue();
   lcd.print("Hello World!!");
}

void loop()
{
int i;
    // 1초에 한 칸 씩 16 칸 왼쪽으로 이동
   for (i = 0; i < 16; i++) {
      lcd.scrollDisplayLeft();
      delay(1000);
   }
   // 1초에 한 칸씩 16칸 오른쪽으로 이동
   for (i = 0; i < 16; i++) {
      lcd.scrollDisplayRight();
      delay(1000);
   }
}
```

▶▶ 연습문제 9.3

1. 백라이트 색을 Blue로 하고, 첫 번째 줄에 자기 학번을 두 번째 줄에 영문 이름을 출력하는 스케치를 작성하시오.

2. 위의 연습 문제에서 학번과 이름이 0.5초에 한 번씩 깜빡이도록 하는 스케치를 작성하시오.

3. 첫 번째 연습문제에서 백라이트가 1초에 한번 씩 on/off되는 프로그램을 작성하시오.

CHAPTER

10 푸쉬 버튼 제어

쉬 버튼 구조와 구동방법, 메가2560 보드와 푸쉬 버튼의 연결, Switch 클래스 함수에 대해 설명하였으며, Switch 클래스 함수를 가지고 다양한 스케치를 구현함으로서 푸쉬 버튼의 구동방법을 학습한다.

10.1 푸쉬 버튼

마이크로 컨트롤러 활용에서 사용자의 입력을 받아들이기 위한 입력 장치로 전화기, 컴퓨터 등 많은 전자기기에서 응용되어진다. 푸쉬 버튼의 인터페이스 방식은 정적 인터페이스(Static Interface) 방식과 동적 인터페이스(Dynamic Interface) 방식이 있으며, 본 장비에서는 정적 인터페이스 방식이 사용된다. 이 방식은 〈그림 10-1〉과 같이 버튼을 포트에 일대 일로 연결하여 입력을 검사하는 방식으로 하드웨어 구성이 간편하고, 소프트웨어 구현이 쉬운 장점이 잇는 반면, 많은 버튼이 있을 경우 버튼의 수만큼의 포트를 사용하기 때문에 포트 사용이 비효율적이다.

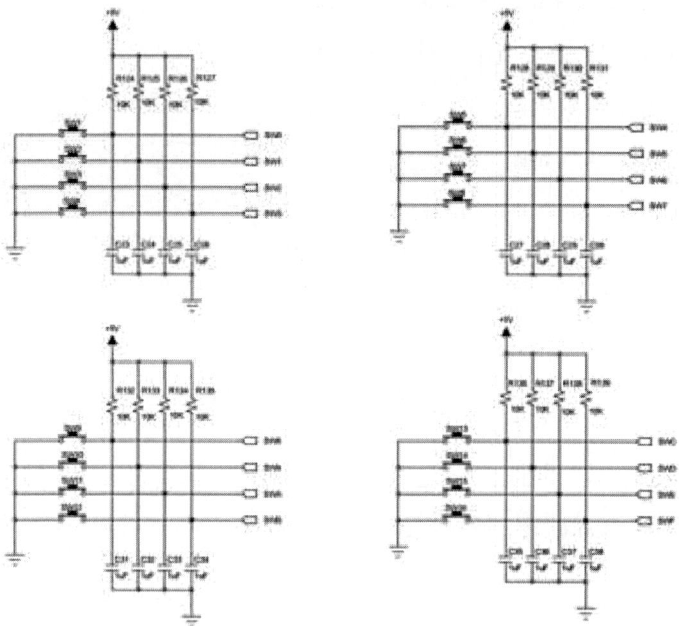

〈그림 10-1〉 푸쉬 버튼의 회로도

〈그림 10-1〉과 같이 SW1번에서 SW16은 메가2560 핀 번호 22(PA0)에서 37(PC0)에 풀업 저항으로 연결되어 있어서, 푸쉬 버튼이 열려 있을 때는 '1'값을 입력하고, 해당 푸쉬 버튼을 누르면 '0'값을 입력한다. 연결선을 이용하여 일부의 푸쉬 버튼만을 사용하고자 할 경우 Switch 라이브러리의 구현 파일에서 사용되고 푸쉬 버튼만을 설정해 주어야 한다.

10.2 Switch 클래스 함수 및 실습

(1) 구현파일

```
#include "Switch.h"
#include "Arduino.h"

#define SWITCH1_START        22
#define SWITCH2_START        30

void Switch::begin() {

        for(int i=SWITCH1_START; i<SWITCH1_START+8; i++) {
                pinMode(i, INPUT);
        }

        for(int i=SWITCH2_START; i<SWITCH2_START+8; i++) {
                pinMode(i, INPUT);
        }

        bPushKey = 0;
        pushKeyNum = 0;
}

uint8_t Switch::getPushKey() {
        uint8_t prePush=0;

        for(int i=SWITCH1_START; i<SWITCH1_START+8; i++) {
                if(digitalRead(i) == LOW) {
                        prePush = i;
                        break;
```

```
                }
        }

        for(int i=SWITCH2_START; i<(SWITCH2_START+8; i++) {
                if(digitalRead(i) == LOW) {
                        prePush = i;
                        break;
                }
        }

        if(prePush != pushKeyNum) {
                pushKeyNum = prePush;
                return changePushKey(prePush);
        } else {
                return 0;
        }
}

uint8_t Switch::changePushKey(uint8_t key) {
        uint8_t keyNum=0;

        if(key == 0) return 0;

        switch(key) {
                case SWITCH1_START:                     keyNum  =
1;              break;
                case SWITCH1_START+1:           keyNum = 2;
        break;
                case SWITCH1_START+2:           keyNum = 3;
        break;
                case SWITCH1_START+3:           keyNum = 4;
break;
```

```
                    case SWITCH1_START+4:        keyNum = 5;
          break;
                    case SWITCH1_START+5:        keyNum = 6;
          break;
                    case SWITCH1_START+6:        keyNum = 7;
break;
                    case SWITCH1_START+7:        keyNum = 8;
break;

                    case SWITCH2_START:                    keyNum    =
16;       break;
                    case SWITCH2_START+1:        keyNum = 15;
break;
                    case SWITCH2_START+2:        keyNum = 14;
break;
                    case SWITCH2_START+3:        keyNum = 13;
break;
                    case SWITCH2_START+4:        keyNum = 12;
break;
                    case SWITCH2_START+5:        keyNum = 11;
break;
                    case SWITCH2_START+6:        keyNum = 10;
break;
                    case SWITCH2_START+7:        keyNum = 9;
          break;
          }

          return keyNum;
}

uint8_t Switch::waitGetPushKey() {
          while(getPushKey() == 0) ;
```

```
            //return getPushKey();
            return changePushKey(pushKeyNum);
}

Switch gSwitch;
```

(2) 클래스 함수

Switch 클래스 라이브러리에서 구현된 함수는 아래와 같다.

```
void begin()
```

16개의 푸쉬 버튼을 초기화한다(포트 핀을 입력으로 설정).

```
void getPushKey()
```

푸쉬 버튼이 눌려 있는지 검사하여 눌려 있으면 그 푸쉬 버튼의 번호를 반환하고, 눌려있지 않으면 0을 반환한다.

```
void waitGetPushKey()
```

푸쉬 버튼이 눌릴 때까지 기다리고 있다가 푸쉬 버튼이 눌릴 경우 그 푸쉬 버튼의 번호는 반환한다.

(3) 실습

실습 10-1	눌린 푸쉬 버튼의 번호를 시리얼 모니터에 출력하는 스케치 구현(시리얼 모니터를 사용하기 위해서는 Serial.begin(value)의 value에 통신 속도를 설정해야 하며, Seria.print(value)의 value에 문자 값이나 값이 저장된 변수를 적어주면 된다. 줄 바꿈을 하고자 할 경우 Serial.println(value) 함수를 사용한다.)

```
#include "Switch.h"
Switch pushSwitch;


void setup() {
   pushSwitch.begin();
   Serial.begin(9600);
}


void loop() {
   uint8_t pushKey = pushSwitch.waitGetPushKey();


   if(pushKey > 0) {
      Serial.print("Pushed : ");
      Serial.println(pushKey);
   }
}
```

실습 10-2	1번의 푸쉬 버튼이 눌린 경우 LED 1번에서 4번까지 불이 켜지고, 2번의 푸쉬 버튼이 눌린 경우 LED 5번에서 8번까지 불이 켜지고, 3번의 푸쉬 버튼이 눌린 경우 LED 모두가 켜지고, 4번의 푸쉬 버튼이 눌린 경우는 LED 모두가 꺼지는 스케치 구현

```
#include "Switch.h"
#include <LED.h>
LED myled;
Switch pushSwitch;

void setup() {
   // 푸쉬 버튼과 LED를 초기화
   pushSwitch.begin();
   Serial.begin(9600);
   myled.begin(36);
}

void loop() {

  uint8_t pushKey = pushSwitch.waitGetPushKey();
  switch(pushKey){
   case 1 :
   { myled.AllOff();
        myled.On(1);
        myled.On(2);
        myled.On(3);
        myled.On(4);
        break;}
    case 2 :
```

```
{ myled.AllOff();
   myled.On(5);
   myled.On(6);
   myled.On(7);
   myled.On(8);
   break;}
   case 3 :
   { myled.AllOn();
    break; }
   case 4 :
   { myled.AllOff();
   break;}
         }
    }
```

▶▶ 연습문제 10.3

1. 눌린 푸쉬 버튼 번호에 해당하는 LED에 불이 켜지는 스케치를 작성하시오.

2. 푸쉬 버튼 1에서 4의 하나의 입력 값과 푸쉬 버튼 5에서 8의 하나의 입력 값을 덧셈을 하여 RGB LCD에 출력하는 프로그램을 작성해 보시오.

3. 푸쉬 버튼 1에서 4의 지정해 놓은 입력 값과 새롭게 입력되는 푸쉬 버튼의 입력 값이 같은지 확인하는 비밀번호 입력기 스케치를 작성하시오. (비밀번호 입력이 잘못될 시 부저에서 소리가 나게 하시오)

CHAPTER

11 PIR 센서 제어

PIR 센서 원리와 구동방법, 메가2560 보드와 PIR 센서 인터페이스, PIR 클래스 함수에 대해 설명하였으며, PIR 클래스 함수를 가지고 다양한 스케치를 구현함으로서 움직임 값을 측정하여 응용하는 방법을 배운다.

11.1 PIR 센서 원리와 구동 방법

움직임 감지 센서로서 가정 내에 방범시스템, 자동 전등 ON/OFF, 자동문 제어 등의 응용에서 광범위하게 사용되는 센서이다. PIR 센서의 표면에는 불투명한 유리 재질의 필터가 부착되어 있는데, 이 필터는 외부에서 들어오는 적외선 중 인체를 감지할 수 있는 특정 파장 범위의 적외선만을 센서 내부로 통과시키며, 통과된 적외선은 센서 내부에 고정된 세라믹 재질의 엘레멘트에 감지되어 센서로서 동작하게 된다. PIR 센서 모듈에 사용되는 RE2000B PIR 센서는 3-10V DC 전압에서 동작 가능하며 최소 2.5V이상, 일반적으로 4V의 아날로그 출력을 발생시킨다. 센서가 감지할 수 있는 범위는 X축 방향으로 138도, Y축 방향으로 125도이다.

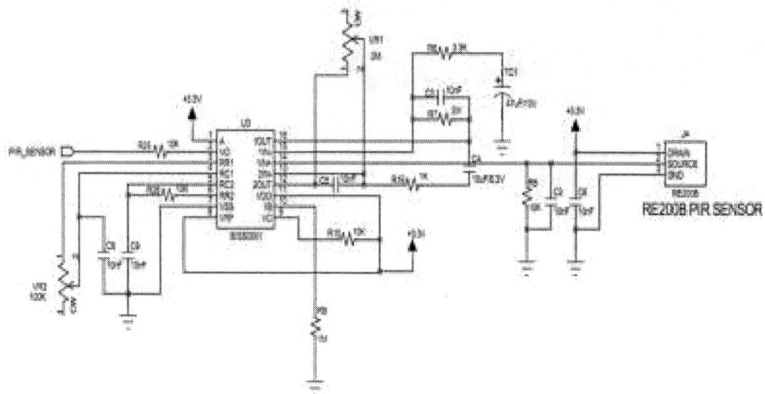

〈그림 11-1〉 PIR 센서 인터페이스 회로

위의 그림과 같이 PIR 센서는 +3.3V 전원으로 동작한다. 센서를 사용하기 위해서는 저항과 커패시터 등을 포함한 일련의 회로가 필요하기 때문에 보통 MicroPower PIR Motion Detector IC(BISS0001)를 이용하는데, 이는 센서의 출력 값에 간단한 처리를 해서 디지털 펄스출력을 만들어 주는 역할을 한다. 인터페이스 회로에서 가변저항 VR3는 시간(Delay Time)을 조절하여 움직임이 감지되었을 때 얼마나 오랫동안 HIGH 출력을 유지할 것인지를 조절한다.

약 5~200초의 시간 조절이 가능하다. 이때의 시간은 두 개의 움직임 감지에 최소 5초 이상이 필요하다는 의미이다. VR2는 센서가 검출 가능한 거리를 조절한다. 3~7m까지 조절이 가능하다. PIR-SENSOR단자는 메가2560 핀 번호 39(PG2)에 연결되었으며, 움직임이 감지되면 '1'을 출력한다.

11.2 PIR 클래스 함수 및 실습

(1) 구현파일

```
#include "PIR.h"
#include "Arduino.h"



void PIR::begin(uint8_t pinNum) {
		pirPin = pinNum;
		pinMode(pirPin, INPUT);
}

int PIR::readValue() {
		return digitalRead(pirPin);
}

PIR gPIR;
```

(2) 클래스 함수

PIR 클래스 라이브러리에서 구현된 함수는 아래와 같다.

```
void begin(uint8_t pinNum)
```

PIR 센서의 핀을 입력으로 설정한다.

```
int readValue()
```

움직임이 감지되는 값을 읽어 들인다. 움직임이 있을 때 '1'의 값을 갖는다.

(3) 실습

실습 11-1	1초 간격으로 PIR 센서 값을 읽어 시리얼 모니터로 출력하는 스케치 구현 실습(시리얼 모니터와 통신 속도는 9600이다.)

```
#include "PIR.h"
#define PIR_ADC 39
PIR pir;

void setup() {
   pir.begin(PIR_ADC);
   Serial.begin(9600);
}

void loop() {
   Serial.print("Detect : ");
   Serial.println(pir.readValue());
   delay(1000);
}
```

실습 11-2	조도 센서와 PIR 센서 값을 읽어 조도 값이 200이하이고 움직임이 있을 때 LED가 모두 켜진 상태로 3초 동안 지속되는 스케치 구현 실습

```
#include <LED.h>
#include "Light.h"
#define LIGHT 57
#include "PIR.h"
#define PIR_ADC 39

LED myled;
Light light;
PIR pir;

void setup() {
  // LED, 조도 센서, PIR 센서 초기화
  myled.begin(36);
  light.begin(LIGHT);
  pir.begin(PIR_ADC);
}

void loop() {
  // put your main code here, to run repeatedly:
  myled.AllOff();
  int lval = light.read();
  int pval = pir.readValue();
  if( lval<=200 && pval==1)
  {myled.AllOn();
   delay(3000);}
}
```

▶▶ 연습문제 11.3

1. 1초 간격으로 PIR 센서 값을 읽어 동작 감지 시 FND에 감지되는 횟수를 표시하고, 홀수 번 감지 시에는 LED 1에서 LED 4가 켜지고, 짝수 번 감지 시에는 LED 5에서 LED 8이 켜지는 스케치를 작성하시오.

2. PIR 센서에 동작 감지 시 RGB LCD의 백라이트를 GREEN에서 RED로 바꾸고 경고 문구가 표시되도록 스케치를 작성하시오.

3. 위의 문제에서 동작 감지 시 부저가 울리고, 백라이트가 깜빡이도록 스케치를 작성하시오.

CHAPTER

12 조도 센서 제어

조도 센서 원리와 구동방법, 메가2560 보드와 조도 센서 인터페이스, Light 클래스 함수에 대해 설명하였으며, Light 클래스 함수를 가지고 다양한 스케치를 구현함으로서 조도 값을 측정하여 응용하는 방법을 배운다.

12.1 조도 센서 원리와 구동 방법

조도 센서는 빛을 감지하여 전압이나 전류로 변환하는 센서로서, 본 장비에서는 TEMT6000 포토트랜지스터가 사용되었다. 특징으로는 실리콘 NPN소재를 사용하였고, 저소광의 검출에 유용하다.

〈그림 12-1〉은 조도 센서 인터페이스 회로도이다.

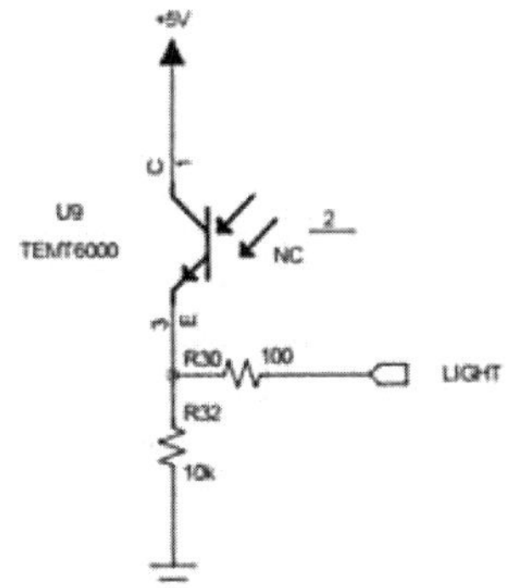

〈그림 12-1〉 조도 센서 인터페이스 회로도

위 그림과 같이 조도 센서에 입력되는 빛의 양에 따라 LIGHT 출력 단자의 아날로그 전압이 변화하게 된다. 빛의 양이 많을수록 LIGHT 단자의 아날로그 전압 값이 커지게 된다. LIGHT 단자는 메가2560의 핀 번호 57(PF3)에 연결되어 있다.

12.2 Light 클래스 함수 및 실습

(1) 구현파일

```
#include "Light.h"
#include "Arduino.h"

void Light::begin(int pinNum) {
		lightPin = pinNum;
		pinMode(lightPin, INPUT);
}

int Light::read() {
		int val = analogRead(lightPin);
		//val = map(val, 0, 1024, 0, 100);

		return val;
}

Light gLight;
```

(2) 클래스 함수

Light 클래스 라이브러리에서 구현된 함수는 아래와 같다.

```
void begin(int pinNum)
```

조도 센서의 핀을 입력으로 설정한다.

```
int read()
```

아날로그 전압 값을 읽어 디지털로 변환하여 출력한다.

(3) 실습

실습 12-1	조도 센서의 값을 1초 간격으로 읽어 시리얼 보니너로 출력하는 스케치 구현 실습(시리얼 모니터와의 통신 속도는 9600이다.)

```
#include "Light.h"
#define LIGHT 57


Light light;


void setup() {
   light.begin(LIGHT);
   Serial.begin(9600);
}


void loop() {
   Serial.println(light.read());
   delay(1000);
}
```

실습 12-2	조도 센서의 값을 20ms간격으로 읽어 값이 100이하이면 LED를 모두 켜고, 300이하이면 1에서 4번만 켜고, 300보다 크면 모두 꺼지는 스케치 구현 실습

```
#include <LED.h>
#include "Light.h"
#define LIGHT 57

LED myled;
Light light;

void setup() {
  //LED와 조도 센서 초기화
    myled.begin(36);
    light.begin(LIGHT);
}

void loop() {

      myled.AllOff();
      int lval = light.read();
      if(lval<=100) {myled.AllOn();}
      else if(lval>100 && lval<=300)
        { myled.On(1);
          myled.On(2);
          myled.On(3);
          myled.On(4);}
      else { myled.AllOff(); }
      delay(20);
}
```

▶▶ 연습문제 12.3

1. 조도 센서의 값을 1초 간격으로 읽어 FND에 표시하는 스케치를 작성하시오.

2. 위의 문제를 RGB LCD에 표시하는 스케치를 작성하시오.

3. 조도 센서의 값을 20ms 간격으로 읽어 100단위의 값으로 LED를 점등하는 프로그램을 작성해 보시오.

   예) 128 → LED 1

   356 → LED 1, LED 2, LED 3

   670 → LED 1, LED 2, LED 3, LED 4, LED 5, LED 6

CHAPTER 13 초음파 거리센서 제어

초음파 거리 센서 원리와 구동방법, 메가2560 보드와 초음파 거리 센서 인터페이스, UltraSonic 클래스 함수에 대해 설명하였으며, UltraSonic 클래스 함수를 가지고 다양한 스케치를 구현함으로서 거리 값을 측정하여 응용하는 방법을 배운다.

13.1 초음파 거리센서 원리와 구동방식

일반적으로 인간의 귀에 들리지 않는 높은 주파수의 음(약 14KHz이상)을 통칭 초음파라고 하나 인간의 귀로 듣는 것을 목적으로 하지 않는 공업 분야에 적용하는 가청음도 초음파라고 부르기도 한다.

초음파 센서에서 사용되는 주파수는 9KHz~50KHz이며, 이 범위의 주파수는 강력한 초음파 펄스를 발생하기 쉽고 지향특성을 얻기가 용이하다. 실습에서 사용되는 초음파 센서(HC-SR04)는 40KHz주파수를 사용한다.

초음파 센서의 측정 원리는 초음파 센서에서 발사된 초음파 펄스가 피 측정불의 표면에서 반사되어 다시 초음파 센서로 되돌아올 때까지의 시간을 측정하여 측정 대상에 따른 정보를 얻는 방법을 사용한다.

즉, 초음파를 송신 후 뒤돌아 올 때까지의 지연 시간을 측정하고 공기 중에서 초음파의 온도에 따른 음속을 보상하여 거리를 산출하는 방법을 사용한다.

일반적으로 공기 중에서의 음속은

$$V[m/s] = 331.5 + 0.6C$$

로 산출하며 여기서 C는 온도[℃]이다. 거리측정은 아래의 식으로 구할 수 있다.

$$H[m] = t/2\,V[m]$$

- V : 음속 [m/s]
- t : 소요 시간 [sec]
- H : 초음파 센서에서 측정물체까지 거리 [m]

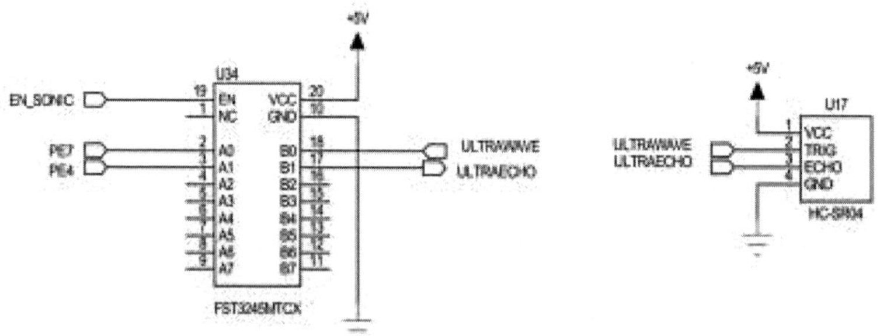

〈그림 13-1〉 초음파 센서 인터페이스 회로도

〈그림 13-1〉에서 초음파 센서 HC-SR04는 FST3245MTCX를 통해 메가 2560 보드와 연결되어 있다. 트리거 단자 ultraTrig는 핀 번호 75(PE7), 에코 단자 ultraEcho는 핀 번호 2(PE4)에 연결되어 있다. 초음파 센서는 최소 10μs동안 HIGH(5V)가 유지되는 트리거 펄스를 입

력받으면 초기화되고, 40KHz Burst 펄스를 출력한다. 그 후 Burst펄스가 물체에 반사되어 올 때까지의 에코 펄스의 폭을 측정하여 거리로 나타낼 수 있다. 에코 펄스의 폭을 58로 나누면 거리가 센티미터(CM)로 148로 나누면 인치로 나타낼 수 있다.

다시 측정하기 위해서는 최소 150μs이상 기다린 후에 트리거 펄스를 보내야 한다. 측정 거리 범위는 0.3cm의 분해능을 갖고 2-400cm 이며, 측정 각도는 30° 이다.

13.2 UltraSonic 클래스 함수 및 실습

(1) 구현파일

```
#include "UltraSonic.h"
#include "Arduino.h"

void UltraSonic::begin(int pintrig, int pinecho) {
		trigPin = pintrig;
		echoPin = pinecho;
		pinMode(trigPin, OUTPUT);
	pinMode(echoPin, INPUT);
}

int UltraSonic::ReadDistanceCentimeter() {
		return getDuration() / 29 / 2;
}

int UltraSonic::ReadDistanceInche() {
		return getDuration() / 74/ 2;
```

```
}

uint32_t UltraSonic::getDuration() {
            uint32_t duration=0;

            digitalWrite(trigPin, LOW);
  delayMicroseconds(2);
  digitalWrite(trigPin, HIGH);
  delayMicroseconds(10);
  digitalWrite(trigPin, LOW);

            duration = pulseIn(echoPin, HIGH);
            return duration;
}

UltraSonic gUltraSonic;
```

(2) 클래스 함수

UltraSonic 클래스 라이브러리에서 구현된 함수는 아래와 같다.

```
void begin (int pintrig, int pinecho)
```

초음파 센서 연결 핀의 모드 설정

```
int ReadDistanceCentimeter()
int ReadDistanceInche()
```

에코 펄스폭을 입력 받아 각각 센티미터, 인치로 거리를 구하여 반환한다.

(3) 실습

실습 12-1	1초 간격으로 초음파 센서에서 거리를 읽어 시리얼 모니터에 출력하는 스케치 구현 실습(통신 속도는 115200 이다.)

```
#include <UltraSonic.h>
UltraSonic dUltra;
void setup()
{
  Serial.begin(115200);
  dUltra.begin(75, 2);
}

void loop()
{
  int distance = 0;
  distance = dUltra.ReadDistanceCentimeter();
  Serial.print("distance : ");
  Serial.print(distance);
  Serial.println("Cm");
  delay(100);
}
```

실습 13-2	0.1초 간격으로 초음파 센서에서 거리를 읽어 30cm이하이면 주파수 880으로 설정하여 부저가 울리게 하고, 30cm보다 크고 50cm이하이면, 주파수 330으로 설정하여 부저가 울리게 하는 스케치 구현 실습

```
#include "Buzzer.h"
#define BUZ_PIN 11
#include <UltraSonic.h>

UltraSonic dUltra;

Buzzer myBuzzer;

        void setup() {
          // put your setup code here, to run once:
            myBuzzer.begin(BUZ_PIN);
            dUltra.begin(75, 2);
        }

        void loop() {
          // 100 mS 간격으로 초음파 센서 값을 가져옴
          int distance = 0;
          distance = dUltra.ReadDistanceCentimeter();
          if(distance<=30)
              { myBuzzer.setFreq(880);
                myBuzzer.On();
                delay(50);
                myBuzzer.Off();
                delay(50);}
          else if(distance>30 && distance<=50)
            { myBuzzer.setFreq(330);
                myBuzzer.On();
```

```
            delay(50);
            myBuzzer.Off();
            delay(50);}
        else
        { myBuzzer.Off();
              delay(100);}

    }
```

▶▶ 연습문제 13.3

1. 실습 13-1에서 시리얼 모니터가 아닌 FND를 이용하여 출력하는 스케치를 작성하시오.

2. 위의 문제에서 RGB LCD를 이용하여 출력하는 스케치를 작성하시오.

CHAPTER

14 온도 센서

온도 센서 원리와 구동방법, 메가2560 보드와 디지털 온도 센서 인터페이스, Temperature 클래스 함수에 대해 설명하였으며, Temperature 클래스 함수를 가지고 다양한 스케치를 구현함으로서 온도 값을 측정하여 응용하는 방법을 배운다.

14.1 온도 센서 원리와 구동방법

우리 일상생활에서 밀접하게 이용되는 센서 중 가장 널리 쓰이며 가장 많은 종류를 가지는 센서가 온도 센서이다. 그 중 반도체 온도 센서는 소형화가 가능하며 온도 변화에 대해 정밀도와 응답 특성이 여타 온도 센서 보다는 빠르다. 하지만 출력특성이 비선형적이므로 이를 위한 보정 회로가 추가되어야 하는데 외부회로에서 결정할 수 있고, 또 센서 전체를 IC화 하는 방법으로 구현할 수 있다. 본 장비에서 사용되는 온도 센서는 반도체 온도 센서(GMP102)로서 I2C시리얼 통신으로 연결되고, 매우 낮은 전류(10μA)에서 동작하고, 온도에 매우 작은 변화(0.0625℃)를 감지할 수 있는 간단하고 정확한 디지털 센서이다.

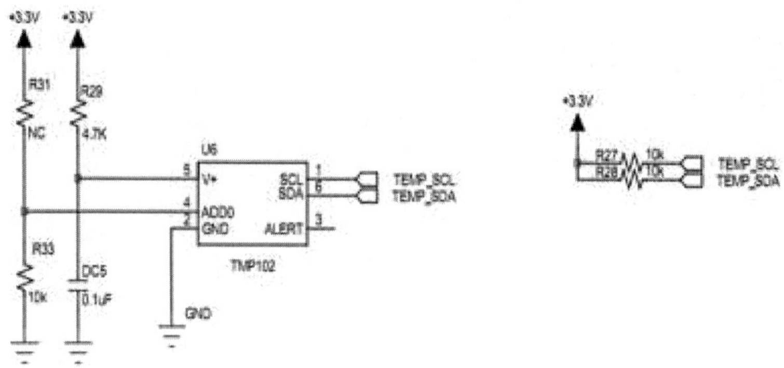

〈그림 14-1〉 온도 센서 인터페이스 회로

〈그림 14-1〉은 ATmega2560과 온도 센서(TMP102)의 인터페이스 회로로서 TEMP_SCL, TEMP_SCA의 I2C라인에는 풀업 저항이 연결되어 있다.

전원은 3.3V를 사용하며, 전원 단에 발생하는 노이즈를 줄이기 위하여 RC필터를 구성한다. 온도 센서의 장치 주소는 72이다.

14.2 Temperature 클래스 함수 및 실습

(1) 구현파일

```
#include "Temperature.h"

#include "Wire.h"

void Temperature::begin(uint8_t addr) {
```

```
        tempAddr = addr;
        Wire.begin();
}

int Temperature::getTemperatureC() {
        return (int)readTemperature();
}

int Temperature::getTemperatureF() {
        float fTemp = readTemperature();
        fTemp = (fTemp * 9 / 5) + 32;
        return (int)fTemp;
}

float Temperature::readTemperature() {
        uint8_t hValue=0;
        uint8_t lValue=0;
        int iValue=0;
        float fValue=0;

        Wire.beginTransmission(tempAddr);
        Wire.write(uint8_t(REG_TEMP));
        Wire.endTransmission();

        Wire.requestFrom((int)tempAddr, 2);
        hValue = Wire.read();
        lValue = Wire.read();

        iValue = hValue;
        iValue = (iValue << 8) | lValue;
        iValue = iValue >> 4;
```

```
            fValue = (float)iValue * 0.0625;
            return fValue;
}

Temperature gTemperature;
```

(2) 클래스 함수

Temperature 클래스 라이브러리에서 구현된 함수는 아래와 같다.

```
void begin(uint8_t addr)
```

장치 주소를 가지고 온도 센서를 초기화 한다.

```
float readTemperature()
```

온도 센서의 값을 읽어 실수의 섭씨온도로 변환하여 반환한다.

```
int getTemperatureC()
```

실수의 섭씨온도를 정수형 섭씨온도 값으로 반환한다.

```
int getTemperatureF()
```

실수의 섭씨온도를 화씨로 바꾼 후 정수형 화씨온도 값으로 반환한다.

(3) 실습

실습 14-1	1초 간격으로 온도 센서를 읽어 정수형 섭씨온도와 정수형 화씨온도를 시리얼 모니터에 출력하는 스케치 구현 실습(통신 속도는 9600이다.)

```
#include "Temperature.h"
#define TEMP_ADDR 72


Temperature temper;


void setup() {
   temper.begin(TEMP_ADDR);
   Serial.begin(9600);
}


void loop() {
   Serial.print("C : ");
   Serial.print(temper.getTemperatureC());
   Serial.print("\t\tF : ");
   Serial.println(temper.getTemperatureF());

   delay(1000);
}
```

실습 14-2	온도 센서를 1초 간격으로 읽어 정수형 섭씨온도가 25도 이상이면 DC모터가 회전하는 스케치 구현 실습

```
#include "DCMotor.h"
#define DCIN_A 7
#define DCIN_B 8
#include "Temperature.h"
#define TEMP_ADDR 72

Temperature temper;
DCMotor dcMotor;

void setup() {
   //DC 모터, 온도센서 설정
      dcMotor.begin(DCIN_A, DCIN_B);
      temper.begin(TEMP_ADDR);
}

void loop() {
  int tval = temper.getTemperatureC();
  if(tval>=25) {dcMotor.Start();}
  else { dcMotor.Stop();}
  delay(1000);
}
```

실습 14-3	1초 간격으로 온도 센서를 읽어 실수 섭씨온도를 소수점 1째 자리까지 RGB LCD에 나타내는 스케치 구현 실습

```
#include "Temperature.h"
#include "RgbLcd.h"
RgbLcd lcd;
Temperature temper;

#define TEMP_ADDR 72

void setup() {

   temper.begin(TEMP_ADDR);
   lcd.begin(62, 63, 64, 65, 66, 67,45, 44, 43, 42, 16, 2);
   lcd.onBacklightGreen();
}

void loop() {
         float rtemp;
         rtemp = temper.readTemperature();

           lcd.clear();
           lcd.print(" TEMPER: ");
           lcd.print(rtemp,1); // 소수점 1째 자리 출력
           lcd.write(0xDF); // 온도표시 특수문자 출력
           lcd.print("C");
           delay(1000);

}
```

▶▶ 연습문제 14.3

1. 1초 간격으로 섭씨온도 값을 읽어 FND에 표시하는 스케치를 작성하시오.(소수점 첫째 자리까지 표시)

2. 실습 15-2에서 온도 센서 값을 읽어 RGB LCD에 표시하고 DC 모터의 회전을 온도에 따라 달리 회전하는 스케치를 작성하시오.

CHAPTER

15 습도 센서 제어

습도 센서 원리와 구동방법, 메가2560 보드와 습도 센서 인터페이스, Humidity 클래스 함수에 대해 설명하였으며, Humidity 클래스 함수를 가지고 다양한 스케치를 구현함으로서 습도 값을 측정하여 응용하는 방법을 배운다.

15.1 습도 센서 원리와 구동방법

습도 센서(Humidity Sensor)란 공기 중의 수분에 관련된 여러 가지현상(물리와 화학적 현상)을 이용하여 습도를 검출하기 위하여 사용되는 센서이다. 본 실습에서 사용되는 습도 센서는 HIH-4030으로서 상대 습도를 측정하는 센서이다. 상대습도란 특정한 온도의 대기 중에 포함되어 있는 수증기의 압력을 그 온도의 포화 수증기 압력으로 나눈 것을 말한다. HIH-4030에서의 상대습도(%RH)는 아래 수식으로 처리하여 구할 수 있다.

$$\%RH = (Vout - zero\ \ offset) / slope$$

- Vout : 센서 출력 전압 (V)
- zero offset : 0.958V
- slope : 0.0307V/%RH

차는 ±3.5%RH이며 동작온도는 −40℃에서 80℃이다.

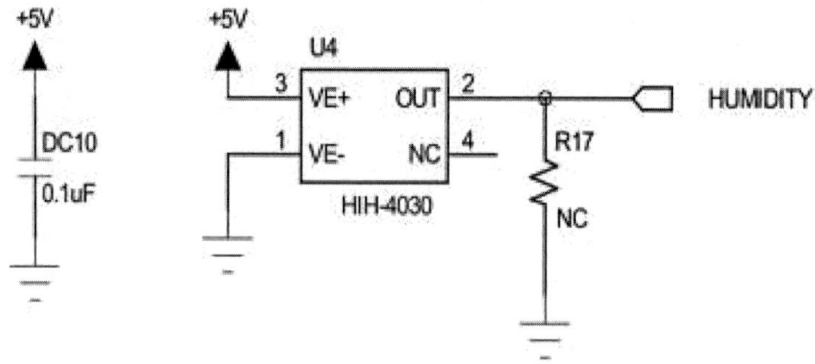

〈그림 15-1〉 습도 센서 인터페이스 회로

〈그림 15-1〉과 같이 습도 센서는 5V에서 최적화되어 동작한다. HUMIDITY단자는 메가2560 핀 번호 55(PF1)에 연결되었으며, 단자에서 입력받은 센서 출력 전압은 위의 식으로 데이터 처리하여 상대습도(%RH)를 구하여 사용한다.

15.2 Humidity 클래스 함수 및 실습

(1) 구현파일

```
#include "Humidity.h"
#include "Arduino.h"


void Humidity::begin(int pinNum) {
```

```
        humPin = pinNum;
        pinMode(humPin, INPUT);
}

int Humidity::read() {
        float hum = analogRead(humPin);
        hum = hum * 5 / 1024;
        hum = (hum - 0.958) / 0.031;

        return (int)hum;
}

Humidity gHumidity;
```

(2) 클래스 함수

Humidity 클래스 라이브러리에서 구현된 함수는 아래와 같다.

```
void begin(int pinNum)
```

습도 센서 연결 핀의 방향을 INPUT으로 설정

```
int read()
```

습도 센서의 출력 전압을 상대습도로 데이터 처리하여 정수형으로 반환한다.

(3) 실습

실습 15-1	1초 간격으로 습도 센서에서 상대습도 값을 읽어 시리얼 모니터에 출력하는 스케치 구현 실습(통신 속도는 9600이다.)

```
#include "Humidity.h"
#define HUMI_ADC 55
Humidity humidity;
void setup() {
    humidity.begin(HUMI_ADC);
    Serial.begin(9600);
}


void loop() {
    Serial.print("HUMI : ");
    Serial.print(humidity.read());
    Serial.println(" %");
    delay(1000);
}
```

▶▶ 연습문제 15.3

1. 온도 센서와 습도 센서를 이용하여 RGB LCD에 현재 온습도가 표시되는 스케치를 작성하시오.

2. 위의 문제에서 온습도를 이용하여 불쾌지수를 구하고 불쾌지수에 따라 RGB LED색이 변하는 스케치를 작성하시오.

CHAPTER 16 사운드 센서 제어

사운드 센서 구성과 구동방법, 메가2560 보드와 사운드 센서 인터페이스, Sound 클래스 함수에 대해 설명하였으며, Sound 클래스 함수를 가지고 다양한 스케치를 구현함으로서 소리 감지 값을 측정하여 응용하는 방법을 배운다.

16.1 사운드 센서 구성 및 구동방법

사운드 센서는 물리적 음향 신호를 전기적 신호로 바꾸어 주는 센서로서 음파를 받는 부분, 소리를 전기신호로 바꾸는 부분, 전기출력을 얻어내는 부분으로 이루어져 있으며 증폭기를 연결하여 사용되어진다.

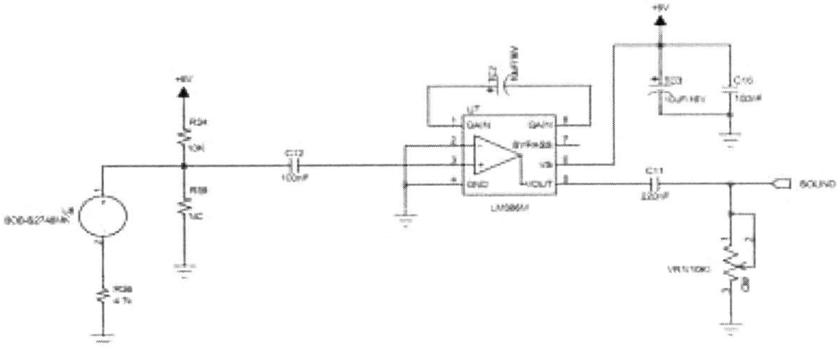

〈그림 16–1〉 사운드 센서 인터페이스 회로도

〈그림 16-1〉에서 사용된 사운드 센서 BOB-S2748MK는 전 방향에 대해 같은 감도를 갖는 특성을 가지고 있으며, 주파수 범위는 50~10000HZ이다.

사운드 센서의 출력은 증폭기 LM386M을 거쳐 메가2560 핀 번호 56(PF2)으로 입력된다. 증폭기는 20~200배 증폭되는데, 인터페이스 회로에서는 200배로 증폭되어 있다.

16.2 Sound 클래스 함수 및 실습

(1) 구현파일

```
#include "Sound.h"
#include "Arduino.h"

void Sound::begin(int pinNum) {
        soundPin = pinNum;
        pinMode(soundPin, INPUT);
}

int Sound::read() {
        int val = analogRead(soundPin);
        //val = map(val, 0, 1024, 0, 100);

        return val;
}

Sound gSound;
```

(2) 클래스 함수

Sound 클래스 라이브러리에서 구현된 함수는 아래와 같다.

void begin(int pinNum)

사운드 센서 연결 핀의 모드 설정

int read()

사운드 센서 값을 읽어 정수형으로 반환한다.

(3) 실습

실습 16-1	1초 간격으로 사운드 센서 값을 읽어 시리얼 모니터에 출력하는 스케치 구현 실습(통신 속도는 9600이다.)

```
#include "Sound.h"
#define SOUND_ADC 56

Sound sound;

void setup() {
   sound.begin(SOUND_ADC);
   Serial.begin(9600);
}

void loop() {
   Serial.print("SOUND : ");
   Serial.println(sound.read());
   delay(1000);
}
```

▶▶ 연습문제 16.3

1. 0.1초 간격으로 사운드 센서 값을 읽어 값의 크기에 따라 LED에 불이 0, 1, 2, 3, 4, 5, 6, 7, 8 개로 켜지도록 스케치를 작성하시오.

2. 실습 18-1에서 시리얼 모니터 대신에 RGB LCD에 표시되도록 스케치를 작성하시오.

CHAPTER

17 압전 센서 제어

사운드 센서 구성과 구동방법, 메가2560 보드와 사운드 센서 인터페이스, Piezo 클래스 함수에 대해 설명하였으며, Piezo 클래스함수를 가지고 다양한 스케치를 구현함으로서 소리 감지 값을 측정하여 응용하는 방법을 배운다.

17.1 압전 센서 원리와 구동방법

수정, 세라믹과 같은 일부 물질의 경우 전기적 신호를 주면 물질이 응축, 신장을 하는 피에조 효과를 갖는데 여기에 판을 붙여주면 소리가 난다. 압전 센서를 피에조 부저로 사용할 수 있다. 피에조 부저는 구조가 간단하고, 얇게 만들 수 있고, 저렴하지만 큰 소리를 내지는 못한다.

압전 센서는 소리를 측정하는 센서로도 사용할 수 있다. 따라서 〈그림 17-1〉에서 PIEZO단자가 연결된 메가2560 핀 번호 58(PF4)은 입력 또는 출력으로 설정할 수 있어야 한다.

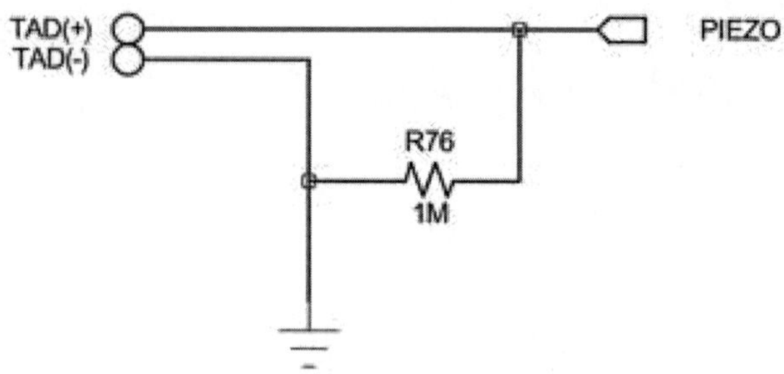

〈그림 17-1〉 압전 센서의 인터페이스 회로

17.2 Piezo 클래스 함수 및 실습

(1) 구현파일

```
#include "Piezo.h"
#include "Arduino.h"

int piezoPin;

void Piezo::begin(int pinNum) {
		piezoPin = pinNum;
		pinMode(piezoPin, INPUT);
		timerFreq = 2000;
}

int Piezo::read() {
		int val = analogRead(piezoPin);
		//val = map(val, 0, 1024, 0, 100);
```

```
		return val;
}

void Piezo::setFreq(int freq) {
		timerFreq = freq;
}

void Piezo::setMode(int mode) {
		if(mode == OUTPUT) {
				tone(piezoPin, timerFreq);		}
	else {
				noTone(piezoPin);	}
		pinMode(piezoPin, mode);
}

Piezo gPiezo;
```

(2) 클래스 함수

Piezo 클래스 라이브러리에서 구현된 함수는 아래와 같다.

```
void begin(int pinNum)
```

압전 센서의 연결 핀의 모드 설정

```
void setMode(int mode)
```

mode가 1인 경우 피에조 부저로 사용, mode가 0인 경우 소리를 측정하는 센서로 사용

```
void setFreq(int freq)
```

피에조 부저의 주파수를 설정

```
int read()
```

소리를 측정하는 센서로 사용할 경우 측정값을 정수형으로 반환한다.

(3) 실습

실습 17-1	주파수를 2000Hz로 설정하여 1초 간격으로 소리 출력이 ON/OFF를 반복하도록 스케치 구현 실습

```
#include <Piezo.h>
Piezo OutPiezo;
void setup()
{
    OutPiezo.begin(58);
}

void loop()
{
    OutPiezo.setFreq(2000);
    while ( true )
    {
        OutPiezo.setMode(1);
        delay( 1000 );
        OutPiezo.setMode(0);
        delay( 1000 );
```

```
    }
}
```

실습 11-2	소리를 측정하는 센서로 설정하여 1초 간격으로 소리를 측정하여 시리얼 모니터에 출력하는 스케치 구현 실습 (통신 속도는 115200이다.)

```
#include <Piezo.h>
Piezo AdcPiezo;

void setup()
{
AdcPiezo.begin(58);
Serial.begin(115200);
}

void loop()
{
AdcPiezo.setFreq(2000);
AdcPiezo.setMode(0);
int iAdcPiezo = 0;
    while ( true )
    {
        iAdcPiezo = AdcPiezo.read() ;
        Serial.print("Piezo Value = ");
        Serial.println(iAdcPiezo);
        delay( 1000 );
    }
}
```

▶▶ 연습문제 17.3

1. 버튼 모듈을 이용하여 각 버튼에 일정한 주파수를 할당하고 버튼을 누르면 해당 주파수가 재생되도록 스케치를 작성하시오.

2. 실습 17-2에서 RGB LCD에 표시하는 스케치를 작성하시오.

CHAPTER

18 DC 모터 제어

DC 모터 원리와 구동방법, 메가2560 보드와 DC 모터 모듈의 연결, DCMotor 클래스 함수에 대해 설명하였으며, DCMotor 클래스함수를 가지고 다양한 스케치를 구현함으로서 DC 모터의 제어방법을 학습한다.

18.1 DC모터 원리 및 구동방법

영구자석으로 된 고정자와 코일을 사용한 회전자로 구성되어 있고, 회전자에 흐르는 전류의 방향을 바꾸면서 자력의 반발, 흡인의 힘으로 회전력을 발생 모터가 회전하게 된다. 특징으로는 기동토크가 크고, 인가되는 전압에 대한 회전특성이 직선적으로 비례한다.

DC 모터는 무선 조종 자동차(RC 자동차)와 DVD 플레이어 등에서 사용된다.

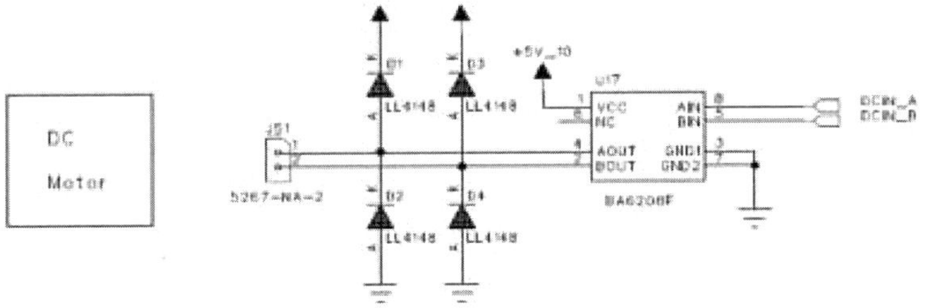

〈그림 18-1〉 DC모터 모듈 회로도

〈그림 18-1〉은 DC 모터 모듈 회로도이며, DC 모터, 연결 커넥터와 DC 모터를 제어하는 모터 드라이버 IC(BA6208F)로 구성되어 있다. 메가2560 핀 번호 7(PH4)에 연결된 DCIN_A와 핀 번호 8(PH5)에 연결된 DCIN_B의 입력 신호를 받아 DC 모터가 구동하게 된다. 입력 신호 DCIN_A가 '논리 1'과 DCIN_B가 '논리 0'의 신호를 입력받을 때 모터가 오른쪽(시계방향)으로 회전하고, 반대로 입력신호DCIN_A가 '논리 0'와 DCIN_B가 '논리 1'의 신호를 입력 받을 때 모터가 왼쪽으로(반시계방향) 회전한다.

18.2 DCMotor 클래스 함수 및 실습

(1) 구현파일

```
#include "DCMotor.h"
#include "Arduino.h"

void DCMotor::begin(int pin1, int pin2) {
		dcPin1 = pin1;
		dcPin2 = pin2;
		dcSpeed = 255;
		dcOn = false;

		pinMode(dcPin1, OUTPUT);
		pinMode(dcPin2, OUTPUT);
		digitalWrite(dcPin1, HIGH);
		digitalWrite(dcPin2, HIGH);
}
```

```
void DCMotor::setSpeed(int speed) {
	if(speed > 255) speed = 255;
	dcSpeed = speed;
}

void DCMotor::Start(uint8_t bBw) {
	if(bBw > 0) {
		analogWrite(dcPin1, dcSpeed);
		analogWrite(dcPin2, 0);
	} else {
		analogWrite(dcPin1, 0);
		analogWrite(dcPin2, dcSpeed);
	}

	dcOn = true;
}

void DCMotor::Stop() {
	digitalWrite(dcPin1, HIGH);
	digitalWrite(dcPin2, HIGH);
	dcOn = false;
}

bool DCMotor::getStateOn() {
	return dcOn;
}

DCMotor gDCMotor;
```

(2) 클래스 함수

DCMotor 클래스 라이브러리에서 구현된 함수는 다음과 같다.

```
void begin(int pin1, int pin2)
```

DC 모터를 초기화한다.

```
void setSpeed(int speed)
```

PWM을 이용하여 DC 모터의 회전 속도를 설정한다.

```
void Start(uint8_t bBw)
```

DC 모터를 회전시킨다. bBw 값이 0이면 왼쪽(반시계방향)으로 회전한다.

```
void Stop()
```

DC 모터의 회전을 멈춘다.

(3) 실습

실습 18-1	오른쪽으로 1초 간격으로 회전과 멈춤을 반복하는 스케치 구현

```
#include "DCMotor.h"

#define DCIN_A 7
#define DCIN_B 8

DCMotor dcMotor;

void setup() {
   dcMotor.begin(DCIN_A, DCIN_B);
}

void loop() {
   dcMotor.Start();
   delay(1000);
   dcMotor.Stop();
   delay(1000);
}
```

실습 18-2	DC 모터가 왼쪽으로 회전을 시작하여 2.55초 후에 최고 속도가 되게 하고 다시 감소하여 2.55초 후에 정지되는 것이 반복하도록 스케치 구현

```
#include "DCMotor.h"


#define DCIN_A 7
#define DCIN_B 8


DCMotor dcMotor;


void setup() {
   dcMotor.begin(DCIN_A, DCIN_B);
}


void loop() {
   // put your main code here, to run repeatedly:
for(int i=0;i<=255;i++){
   dcMotor.setSpeed(i);
   dcMotor.Start(1);
   delay(10);
}
for(int i=255;i>=0;i--){
   dcMotor.setSpeed(i);
   dcMotor.Start(1);
   delay(10);
}
}
```

실습 18-3	1번의 푸쉬 버튼이 입력된 경우 DC 모터가 저속(PWM 150), 2번의 푸쉬 버튼이 입력된 경우 중속(PWM 200), 3번의 푸쉬 버튼이 입력된 경우 고속(PWM 255), 4번의 푸쉬 버튼이 입력된 경우 DC 모터의 회전이 정지되는 스케치 구현 실습

```
#include "DCMotor.h"
#include "Switch.h"
Switch pushSwitch;

#define DCIN_A 7
#define DCIN_B 8

DCMotor dcMotor;

void setup() {

  // put your setup code here, to run once:
        pushSwitch.begin();
        dcMotor.begin(DCIN_A, DCIN_B);
      }

      void loop() {
        // put your main code here, to run repeatedly:
        uint8_t pushKey = pushSwitch.waitGetPushKey();
        switch(pushKey){
         case 1 : dcMotor.setSpeed(150);
                   dcMotor.Start(0);
                   break;
         case 2 : dcMotor.setSpeed(200);
                   dcMotor.Start(0);
```

```
                break;
      case 3 : dcMotor.setSpeed(255);
                dcMotor.Start(0);
                break;
    default : dcMotor.Stop();
                break;
    }
    }
```

▶▶ 연습문제 18.3

1. 실습 18-2에서 DC 모터 속도를 FND에 출력되도록 하는 스케치를 작성하시오. (0.1초 간격으로 출력)

2. 회전 속도에 따라 켜지는 LED의 수가 변하도록 스케치를 작성하시오. (속도와 LED의 수는 각자 임의로 설정)

CHAPTER

19 스텝 모터 제어

스텝모터의 원리와 구동방법, 메가2560 보드와 스텝모터의 인터페이스, StepMotor 클래스 함수에 대해 설명하였으며, StepMotor 클래스 함수를 가지고 다양한 스케치를 구현함으로서 스텝모터의 제어방법을 학습한다.

19.1 스텝 모터 원리와 구동 방법

펄스 모양의 전압에 의해 일정 각도를 회전하는 전동기로서, 회전각도는 입력 펄스 신호의 수에 비례하고, 회전 속도는 입력 펄스 신호의 주파수에 비례한다.

스텝 모터의 특징으로는 피드백이 없어 제어가 단순하고, 모터에 브러시가 없어 신뢰성이 높으며 컴퓨터 제어가 쉬운 것 등이 있으며, 주로 산업용 로봇의 관절기구와 같은 부분에 응용되어 진다.

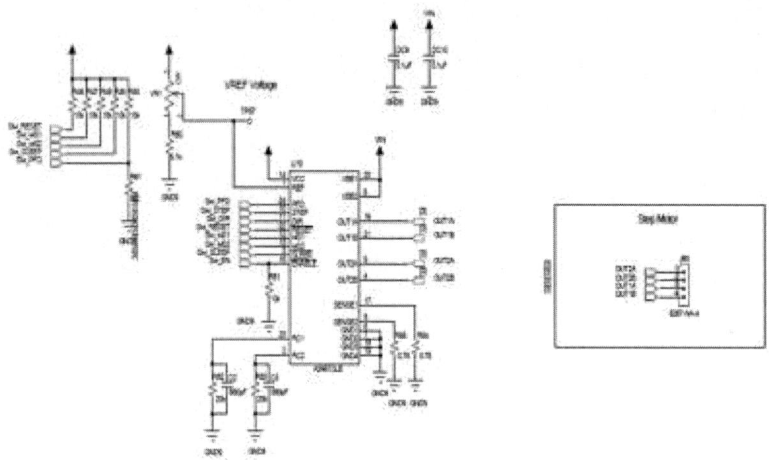

〈그림 19-1〉 스텝 모터 인터페이스 회로

〈그림 19-1〉은 스텝 모터 인터페이스 회로로서 스텝 모터는 모터 드라이버 IC(A3967SUB)와 연결되어 있다. 메가2560 핀 번호 74(PE6)에 연결된 입력 포트 SM_DIR은 회전 방향을 결정하는데 '1'일 때 정방향으로 회전하고 '0'일 때 역방향으로 회전한다. 핀 번호 3(PE5)에 연결된 SM_STEP은 펄스열이 입력되는 단자로서 하나의 펄스 당 기본 회전 스텝(FULL-STEP)각은 1.8°이다.

핀 번호 41(PG0)에 연결 된 SM_MS1과 핀 번호 40(PG1)에 연결된 SM_MS2는 펄스 당 스텝 각을 결정하며 '00'일 때 FULL-STEP, '10'일 때 1/2 STEP(HALF-STEP), '01'일 때 1/4 STEP(QUART-STEP), '11'일 때 1/8 STEP(EIGHTH-STEP)으로 동작한다. 핀 번호 38(PD7)에 연결된 SM-SLEEP은 '0'일 때 회전을 시작하고 '1'일 때 회전이 정지된다.

19.2 StepMotor 클래스 함수 및 실습

(1) 구현파일

```
#include "StepMotor.h"
#include "Arduino.h"
#define DEFAULT_SPEED          500


void StepMotor::begin(uint8_t dir, uint8_t step, uint8_t ms1, uint8_t ms2,
uint8_t sleep) {
            dirPin = dir;
            stepPin = step;
            ms1Pin = ms1;
            ms2Pin = ms2;
            sleepPin = sleep;

            pinMode(dirPin, OUTPUT);
            pinMode(stepPin, OUTPUT);
            pinMode(ms1Pin, OUTPUT);
            pinMode(ms2Pin, OUTPUT);
            pinMode(sleepPin, OUTPUT);

            setDirection();
            setSpeed(DEFAULT_SPEED);
            setStep(FULL_STEP);
            setSleep(1);

            bStepOn = false;

            }
```

```
void StepMotor::setSpeed(int spd) {
        //if(spd > 255) spd = 255;

        speed = spd;
}

void StepMotor::setStep(uint8_t st) {
        uint8_t ms1, ms2;

        if(st > 3) return;
        step = st;

        switch(step) {
                case FULL_STEP:
                        ms1 = LOW;          ms2 = LOW;
break;
                case HALF_STEP:
                        ms1 = HIGH;         ms2 = LOW;
break;
                case QUART_STEP:
                        ms1 = LOW;          ms2 = HIGH;
break;
                case EIGHTH_STEP:
                        ms1 = HIGH;         ms2 = HIGH;
break;
        }

        digitalWrite(ms1Pin, ms1);
        digitalWrite(ms2Pin, ms2);
}

void StepMotor::on(uint8_t bOn) {
```

```
		if(bOn > 0) {
			setSleep(0);
			tone(stepPin, speed);
			bStepOn = true;
		} else {
			off();
		}
}

void StepMotor::off() {
		setSleep(1);
		noTone(stepPin);
		bStepOn = false;
}

void StepMotor::setDirection(uint8_t bBw) {
		digitalWrite(dirPin, bBw);
}

void StepMotor::setSleep(uint8_t bSleep) {
		if(bSleep > 0) {
			digitalWrite(sleepPin, LOW);
		} else {
			digitalWrite(sleepPin, HIGH);
		}
}

bool StepMotor::getStateOn() {
		return bStepOn;
}

StepMotor gStepMotor;
```

(2) 클래스 함수

StepMotor 클래스 라이브러리에서 구현된 함수는 아래와 같다.

```
void begin(uint8_t dir, uint8_t step, uint8_t ms1, uint8_t ms2, uint8_t sleep)
```

스텝 모터를 초기화시킨다. 방향은 역방향(반 시계방향)으로 설정하고, 펄스 신호의 주파수는 500Hz, 회전 스텝은 FULL-STEP으로 설정

```
void setSpeed(int spd)
```

펄스 신호의 주파수를 설정한다.

```
void setStep(uint8_t st)
```

회전 스텝을 설정한다. 0은 FULL-STEP, 1은 HALF-STEP, 2는 QUART-STEP, 3은 EIGHT-STEP 이다.

```
void on(uint8_t bOn)
```

bOn이 '1'이면 회전하고, '0'이면 정지한다.

```
void off()
```

회전을 정지시킨다.

```
void setDirection(uint8_t bBw)
```

회전 방향을 정한다. bBw가 '0'이면 역방향, '1'이면 정방향이다.

(3) 실습

실습 19-1	HALF_STEP으로 설정하고 역방향으로 1초간 회전 1초간 정지한 후 정 방향으로 1초간 회전 1초간 정지를 반복하는 스케치 구현 실습

```
#include "StepMotor.h"
#define SM_DIR 74
#define SM_STEP 3
#define SM_MS1 41
#define SM_MS2 40
#define SM_SLEEP 38
StepMotor stepMotor;

void setup() {
   stepMotor.begin(SM_DIR, SM_STEP, SM_MS1, SM_MS2, SM_SLEEP);
   stepMotor.setStep(HALF_STEP);
}

void loop() {
   stepMotor.on(1);
   delay(1000);
   stepMotor.off();
   delay(1000);
   stepMotor.setDirection(1); // Left
   stepMotor.on(1);
   delay(1000);
   stepMotor.off();
   delay(1000);
   stepMotor.setDirection(0); // Right
}
```

▶▶ 연습문제 19.3

1. 스텝 모터를 1/4 step 역방향으로 회전하는 스케치를 작성하시오.

2. 펄스 신호의 주파수를 200Hz로 놓고 FULL_STEP, HALF_STEP, QUART_STEP, EIGHTH_STEP으로 각각 5초 ON 5초 OFF 되는 스케치를 작성하시오.

3. Step Motor가 10초 간격으로 Full step → 1/2 step→ 1/4 step → 1/8 step으로 변하고 1/8 step 후 회전 방향이 역으로 변경하여 다시 루프로 진행되는 스케치를 작성하시오.

CHAPTER 20 RFID

RFID 모듈의 개요, 메가2560 보드와 RFID 모듈의 인터페이스, Serial 클래스 함수에 대해 설명하였으며, Serial 클래스 함수를 가지고 태그의 UID를 읽어 오는 실습을 수행한다.

20.1 RFID 모듈 개요

RFID(Radio Frequency IDentification)란 무선으로 태그의 ID를 인식하는 기술이며, RFID 리더와 RFID 태그로 대변된다.

RFID 리더는 장착되어 있는 안테나를 사용하여 정의된 프로토콜을 통해 주변에 존재하는 RFID 태그의 정보를 읽을 수 있게 하는장치이다.

RFID 태그는 별도의 전원이 필요한 Active형 태그와 직접적인 전원의 공급 없이 리더기의 전기장에 의해 작동되는 Passive형 태그로 구분할 수 있다.

Active형 태그는 인식 거리가 길고, 다양한 컴퓨팅 기능을 수행할 수 있는 장점을 갖는 반면에 생산 원가가 고가인 단점이 있다. 일반적으로 센서 네트워크에서 사용하는 무선 센서 노드를 Active형 RFID 태그로 볼 수 있다.

Passive형 태그는 반영구적으로 동작이 가능하기 때문에 저렴하게 대규모로 설치될 응용에서 사용하기 유용하며, 인식거리가 짧고 가까이에 리더가 존재해야 한다는 단점을 가지고 있다.

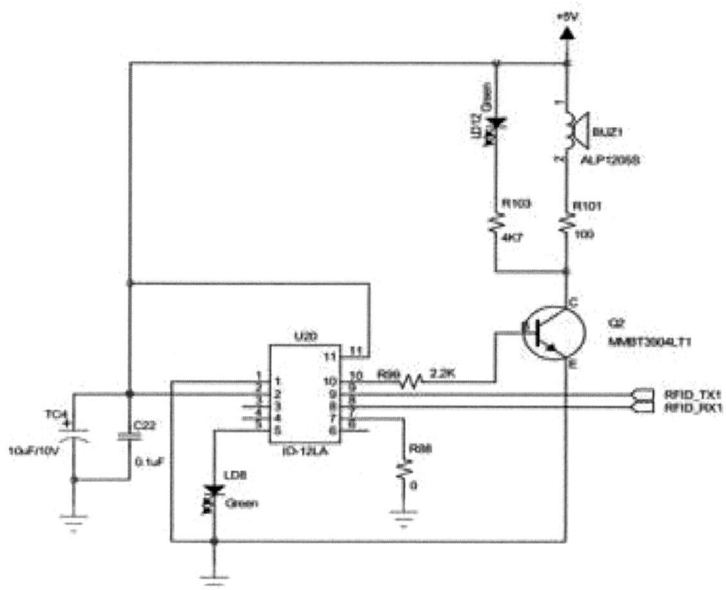

〈그림 20–1〉 RFID 리더 인터페이스 회로

〈그림 20-1〉은 ID-12LA RFID리더 모듈을 메가2560에 연결하기 위한 인터페이스 회로로서, RFID_TX1은 메가2560 핀 번호 18(PD3), RFID_RX1은 핀 번호 19(PD2)에 연결되어 있다. 또한 RFID 태그를 인지하였을 때 부저 음이 발생되도록 부가적 회로도가 연결되어 있다.

RFID 리더 모듈은 ASCII, 9600 BAUD, No parity, 1 stop bit로 시리얼 통신을 하며 데이터의 포맷은 다음과 같다.

STX(20h)	DATA(10 ASCII)	CHECK SUM (2 ASCII)	CR	LF	ETX(03h)

CHECK SUM은 데이터의 비트 열을 EOR하여 얻는다.

20.2 RFID 실습

실습 20-1	RFID 태그를 읽어 시리얼 모니터에 출력하는 스케치 구현 실습

```
int i=0, j=0;

void setup()
 {
   Serial.begin(115200);
   Serial1.begin(9600);
 }

void loop()
 {
   }

void serialEvent1()
{
   i = Serial1.read();
   if( j>=1 && j<=5 )
   { Serial.print(i,HEX); }
```

```
j++;
if(j>=16)
{ Serial.println(" is RFID Card UID");
   j=0; }
}
```

▶▶ 연습문제 20.3

1. 실습 20-1을 시리얼 모니터가 아닌 RGB LCD에 출력하는 스케치를 작성하시오.

2. 태그의 UID를 읽으면, DC모터가 3초 동안 회전하는 스케치를 작성하시오.

3. 태그의 UID를 읽으면 RGB LED가 초록색으로 5초 동안 점등되는 스케치를 작성하시오.

CHAPTER 21 블루투스 실습

블루투스 모듈의 개요, 메가2560 보드와 블루투스 모듈의 인터페이스, 안드로이드 스마트 폰 앱 설치 및 사용방법에 대해 설명하였으며, 실습 장비와 스마트 폰을 블루투스로 연결하여 주어진 동작을 수행하는 실습을 수행한다.

21.1 블루투스 모듈 개요

블루투스는 작고, 저렴한 가격, 적은 전력소모로 휴대폰, 휴대용pc 등과 같은 휴대장치들, 네트워크 액세스 포인트들, 기타 주변 장치들 간의 작은 구역(10m~100m)내의 무선 연결(2.4GHz ISM Band)을 위한 기술적인 규격 사양이다.

〈그림 21-1〉에서 블루투스 모듈 FB155BC를 메가 2560 보드에 연결하기 위한 인터페이스 회로로서, 레벨 변환기를 거친 BT_TX3는 메가2560 핀 번호 14(PJ1)에, BT_RX3는 핀 번호 15(PJ0)에 연결 되어있다. 즉 Serial3에 연결되어 있다. 블루투스 모듈의 통신 거리는 최대 30M이다.

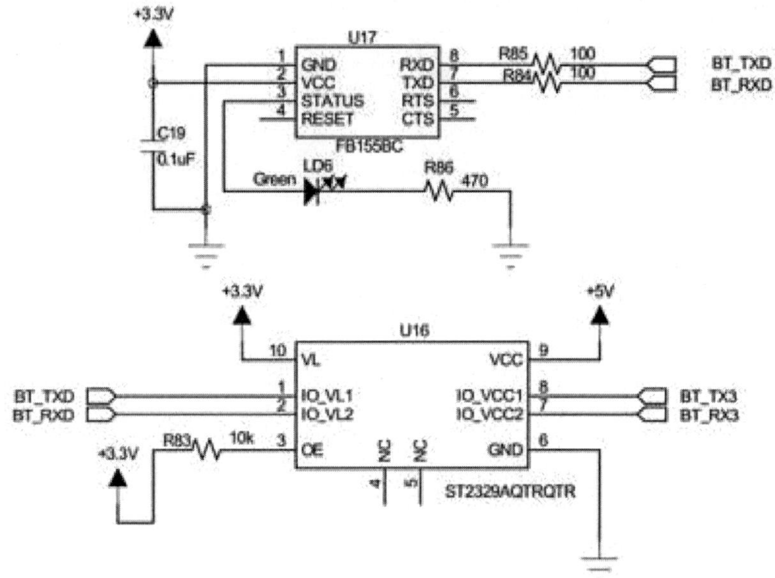

〈그림 21-1〉 블루투스 모듈 인터페이스 회로

21.2 스마트폰 앱 설치 및 사용방법

안드로이드 스마트 폰에서 블루투스 모듈과 통신을 위해서는 블루투스 앱을 설치하여야 한다. 'Play 스토어'에서 'Arduino bluetooth controller'을 검색하여 앱을 설치한다.

스마트 폰에서 블루투스 장치를 활성화하고 앱을 실행하면 실행 화면이 나타난다.

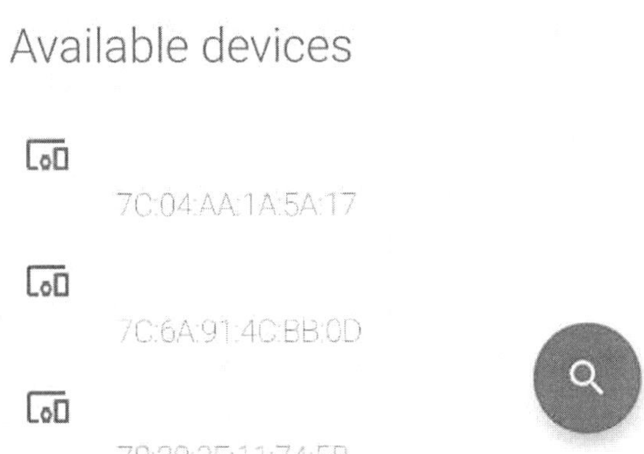

화면 오른쪽 아래 돋보기를 누르면 'Available devices' 에 현재 블루투스로 연결이 가능한 블루투스 장치들의 MAC주소 목록이 나온다. 실습 장비의 블루투스 모듈에 표기되어 있는 MAC주소와 같은지 확인하고 일치하면 해당 장치와 연결한다.

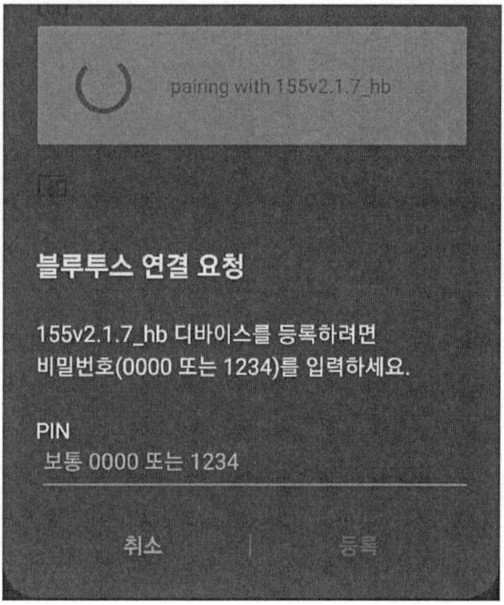

블루투스 장치와 최초 연결 시에는 해당 블루투스 장치의 PIN 코드를 입력해야한다. PIN 코드는 “BTWIN”이다. PIN 코드를 입력하고 등록을 누르면 아래 화면과 같이 연결이 완료된다.

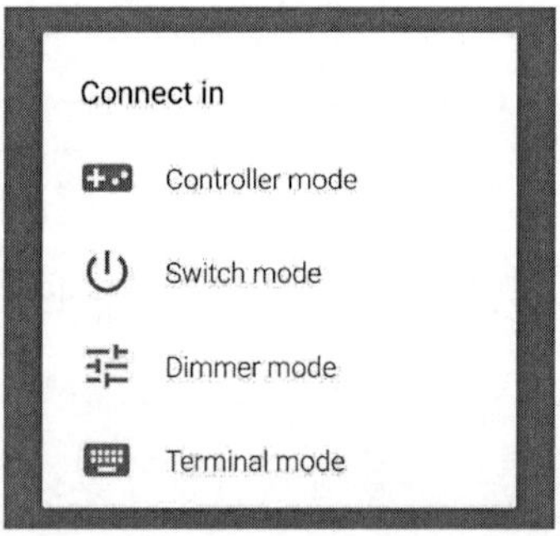

21.3 블루투스 실습

블루투스 모듈은 시리얼 통신으로 연결되어 있어 앞 장에서 설명된 Serial 클래스 함수들을 사용한다. 실습 장비와 스마트 폰(Terminal mode 상태)이 블루투스로 연결된 상태에서 아래 스케치를 컴파일 및 업로드 하고 실행하여 보자.

실습 21-1	스마트폰으로 "Hello!"를 전송하는 스케치 구현 실습

```
void setup()
{
Serial3.begin(115200);
Serial3.print("Hello! \r\n");
}
void loop()
{
}
```

실습 21-2	스마트 폰에서 숫자를 입력하여 해당되는 숫자의 LED에 불이 켜지는 스케치 구현 실습

```
#include <LED.h>

LED myled;

void setup() {

  Serial3.begin(115200);
  myled.begin(36);
}
void loop() {
 // put your main code here, to run repeatedly:
 int ch=Serial3.read();
 switch(ch){
   case '0' :
         {myled.AllOff();
         break;}
   case '1' :
         {myled.AllOff();
         myled.On(1);
         break;}
   case '2' :
         {myled.AllOff();
         myled.On(2);
         break;}
   case '3' :
         {myled.AllOff();
         myled.On(3);
         break;}
   case '4' :
         {myled.AllOff();
```

```
            myled.On(4);
            break;}
    case '5' :
            {myled.AllOff();
            myled.On(5);
            break;}
    case '6' :
            {myled.AllOff();
            myled.On(6);
            break;}
    case '7' :
            {myled.AllOff();
            myled.On(7);
            break;}
    case '8' :
            {myled.AllOff();
            myled.On(8);
            break;}
  }
}
```

▶▶ 연습문제 21.4

1. 스마트폰에서 전송한 글자를 RGB LCD에 표시하는 스케치를 작성하시오.

2. 스마트폰에서 숫자 키를 선택하면 아래와 같이 스텝 모터가 동작 되는 스케치를 작성하시오.

   0 → 동작 멈춤
   1 → FULL STEP으로 동작
   2 → 1/2 STEP으로 동작
   3 → 1/4 STEP으로 동작
   4 → 1/8 STEP으로 동작

CHAPTER

22 Wi-Fi 실습

Wi-Fi 구조와 구동방법, 메가2560 보드와 Wi-Fi 모듈의 연결에 대해 설명하였으며, 웹 서버를 구축하여 스마트 폰이나 노트북에서 Wi-Fi를 통해 장치들을 제어하는 방법을 학습한다.

22.1 Wi-Fi 모듈 구조와 구동방법

Wi-Fi는 IEEE 802.11 기반의 무선 랜 연결과 장치 간 연결(Wi-Fi P2P), PAN/LAN/WAN 구성 등을 지원하는 일련의 기술을 의미한다.

기본적으로 인터넷에 데이터를 전달해 주는 기능을 하는 AP(Access Point)와 노트북 또는 스마트 폰과 같이 사용자가 서비스를 받는 단말 간의 통신이다.

Wi-Fi 모듈 RN-131은 메가 2560 보드와 SPI 통신으로 연결되어 서로 데이터를 송/수신한다. ATmega2560 마이크로컨트롤러는 하드웨어적으로 SPI 통신 인터페이스를 지원하므로 전용 핀을 통해 연결해야 한다.

SI는 메가2560 핀 번호 51(PB2), SO는 핀 번호 50(PB3), SCK는 핀 번호 52(PB1), SS는 핀 번호 53(PB0)에 연결한다. SI, SO, SCK는 연결선을 변경할 수 없고, SS는 임의로 선택할 수 있다.

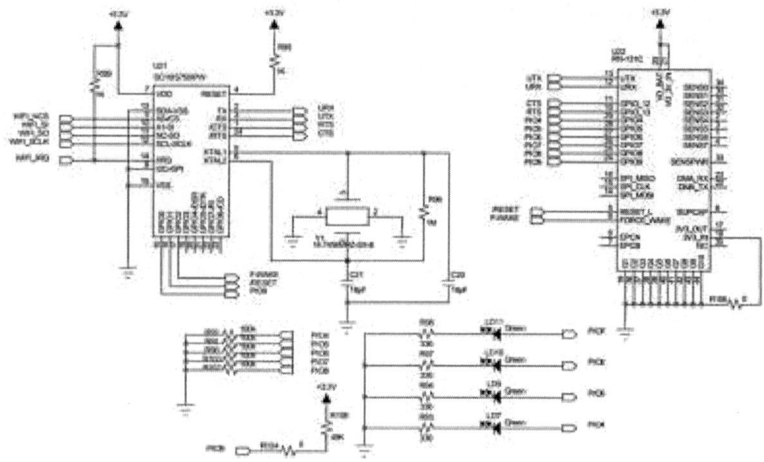

〈그림 22-1〉 Wi-Fi 모듈 인터페이스 회로

22.2 Wi-Fi 실습

Wi-Fi 실습을 위해서 실습장비 제공업체에서 'WiFly'란 클래스 라이브러리를 제공한다. 이 절에서는 WiFly 클래스 함수를 이용하여 작성된 스케치를 수행해보도록 한다.

실습 22-1을 수행하기 위해서는 스마트 폰에서 설정 → 연결 → 모바일 핫스팟 및 테더링에서 모바일 핫스팟 사용으로 전환하고 스마트 폰에 설정된 장치명과 비밀번호를 실습 프로그램에 입력하여야 하는데 장치 명을 ssid[]에 비밀번호를 passphrase[]에 입력한다.

컴파일 및 업로드 후 실행하면 〈그림 22-2〉와 같이 시리얼 모니터에 IP 주소를 발생한다.

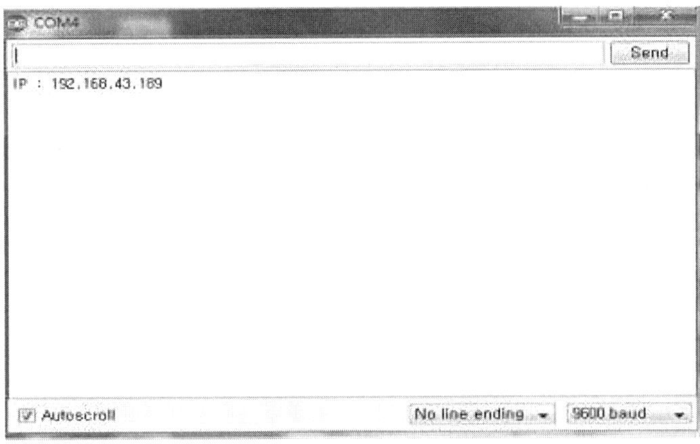

〈그림 22-2〉 시리얼 모니터 (IP 주소)

만일 장치를 인식하지 못하면 시리얼 모니터에 “Hang on failure” 라는 메시지가 발생한다. 스마트 폰에서 웹브라우저를 실행하거 IP 주소를 입력하고 실행하면 〈그림 22-3〉과 같은 웹 페이지가 나타나며 해당 버튼을 누르면 Wi-Fi를 통해 부저를 ON 또는 OFF 하는 동작을 할 수 있다.

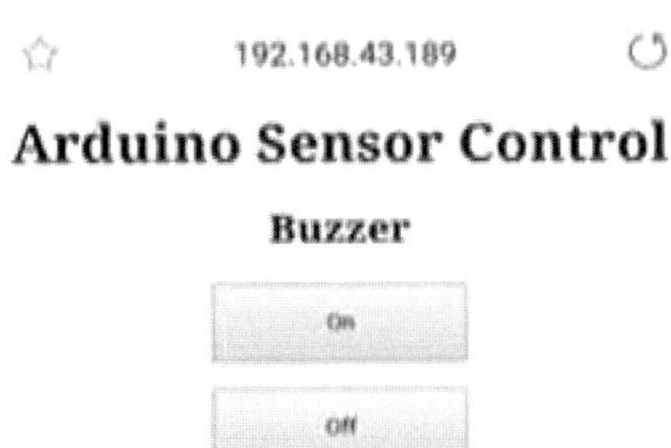

〈그림 22-3〉 부저 ON/OFF 웹페이지

실습 22-1	Wi-Fi를 이용하여 부저를 ON/OFF하는 스케치 구현 실습

```
#include "WiFly.h"
#include "Buzzer.h"
WiFlyServer server(80);
#define BUZ_PIN 11
Buzzer myBuzzer;

String msg = ""; //variables for reading in the html responses
char passphrase[] = "secretPassword"; // your network password
char ssid[] = "yourNetwork"; // your network SSID (name)
void setup()
{
  WiFly.begin();
  Serial.begin(9600);
  if (!WiFly.join(ssid, passphrase, WPA_MODE))
  {
    while (1)
    {
      Serial.println("Hang on failure.");
    }
    }
          Serial.print("IP : ");
          Serial.println(WiFly.ip());
          server.begin();
          myBuzzer.begin(BUZ_PIN);
        }

        void loop()
        {
          WiFlyClient client = server.available();
```

```
int dataFlag = 0;
int msgIsolator = 0;
if (client) {
boolean current_line_is_blank = true;
boolean endOfCode = true;
char c;

while (client.connected())
{
   if (client.available())
   {
      c = client.read();
      delay(10);
      if (!client.available())
      {
         endOfCode = true;
      }
      else if (c == '\n')
      {
      current_line_is_blank = true;
      }
      else if (c != '\r')
      {
         current_line_is_blank = false;
         endOfCode = false;
      }
      if (msgIsolator == 1)
      {
         msg += c;
```

```
                delay(100);
            }
            if ((c == '\n' && current_line_is_blank && !client.available())
            ||
    endOfCode)
            {
                endOfCode = false;
                client.println("HTTP/1.1 200 OK");
                client.println("Content-Type: text/html");
                client.println();
                client.println("<html>");


                client.println("<title>Buzzer Control Server</title>");
                client.println("<body> <center>");
                client.println("<h1>Arduino Sensor Control</h1>");
                client.println("<h2>Buzzer</h2>");
    client.println("<form name=\"input\"action=\"\"method=\"post\">");
    client.println("<input        type=\"submit\"name=\"%\"value=\"On\"
            style=\"height:50px; width:150px\" >");
    client.println("</form>");
    client.println("<form name=\"input\"action=\"\"method=\"post\">");
    client.println("<input        type=\"submit\"name=\"%\"value=\"Off\"
            style=\"height:50px; width:150px\" >");
    client.println("</form>");
    client.println("</center> </body>");
    client.println("</html>");
    delay(500);
    checkAction();
    msg = "";
    break;
  }
  if (c ==   '%'  )
  {
    dataFlag = 1;
  }
  if ( dataFlag = 1; )
  {
```

```
          if (c ==  '=' )
          {
            msgIsolator = 1;
          }
        }
      }
   }
   delay(100);
   client.flush();
   client.stop();
   }
}

          void checkAction()

          {

             if(msg.startsWith("On"))// Buzzer On

             {

                myBuzzer.On();

             }

             if(msg.startsWith("Off"))// Buzzer Off

             {

                myBuzzer.Off();

             }

          }
```

▶▶ 연습문제 22.3

1. LED를 제어하는 웹 서버를 만들어 보자.

2. 모터를 제어하는 웹 서버를 만들어 보자.

CHAPTER

23 외부 인터럽트 실습

인터럽트는 정상적인 작업을 수행하는 중에 비정상적인 이벤트가 발생했을 때 수행하던 작업을 잠시 중단하고 발생한 이벤트에 대한 처리를 수행한다. 이벤트 처리가 완료되면 다시 정상적인 작업으로 복귀하여 수행된다. 이때 발생하는 비정상적인 이벤트를 "인터럽트"라고 하며, 이를 처리하는 일련의 과정을 ISR(Interrupt Service Routine)이라 한다. 이 장에서는 아두이노 외부 인터럽트에 대해 학습한다.

23.1 외부 인터럽트의 구성

메가 2560에서는 〈표 23-1〉과 같이 6개의 외부 인터럽트를 허용한다.

〈표 23-1〉 메가 2560의 외부 인터럽트

인터럽트 번호	0	1	2	3	4	5
핀 번호	2	3	21	20	19	18

HBE-Arduino-Sensor 의 브레드 보드에 〈그림 23-1〉과 같이 외부 인터럽트 회로를 구성한다.

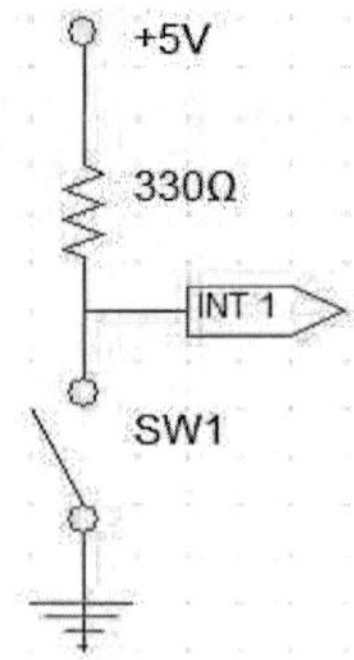

〈그림 23-1〉 외부 인터럽트 회로

INT1을 핀번호 3번(PE5)에 연결하고 SW1을 누르면 메가 2560 보드에 외부 인터럽트가 인가된다.

23.2 인터럽트 함수 및 실습

(1) 인터럽트 함수

```
void attachInterrupt(uint8_t number, ISR, mode)
```

number는 인터럽트 번호이며 6개의 외부 하드웨어 인터럽트 번호 및 인터럽트 핀은 다음과 같다. ISR(Interrupt Service Routine)은 해당 인터럽트가 발생하였을 때의 처리할 인터럽트 서비스 루틴이며, mode는 인터럽트 발생시점으로 설정 가능한 모드이며 아래와 같다.

mode	설명
LOW	입력 값이 LOW일 때 인터럽트 발생
CHANGE	입력 값이 상태가 변할 때 인터럽트 발생 (RISING & FALLING)
RISING	입력 값이 LOW에서 HIGH로 변할 때 인터럽트 발생
FALLING	입력 값이 HIGH에서 LOW로 변할 때 인터럽트 발생

```
void detachInterrupt(uint8_t number)
```

해당 인터럽트에 대한 인터럽트 처리 루틴을 제거한다.

```
void interrupts()
```

전체 인터럽트를 활성화 시키는 함수, noInterrupts()로 비활성화 된 인터럽트를 다시 활성화 시킨다.

```
void noInterrupts()
```

interrupts()함수에 의해 허용된 인터럽트 발생을 금지 한다.

(2) 실습

실습 23-1	외부 인터럽트가 인가되었을 때 시리얼 모니터 상에 "Interrupt ON"이 출력되도록 스케치 구현 실습 (인터럽트 모드는 FALLING (H->L) 사용)

```
void setup() {
  // put your setup code here, to run once:
pinMode(3,INPUT);
attachInterrupt(1,Exint,FALLING);
Serial.begin(9600);
Serial.println("Interrut Test");
}

void loop() {
  // put your main code here, to run repeatedly:


}

void Exint() {
  Serial.println("Interrupt ON");
   }
```

실습 23-2	외부 인터럽트가 홀수 번 인가되었을 때 부저가 2초 ON 1초 OFF 되도록 스케치 구현 실습 (인터럽트 모드는 RISING(L->H) 사용)

```
#include "Buzzer.h"
#define BUZ_PIN 11
Buzzer myBuzzer;
int count =0;
void setup() {
 // put your setup code here, to run once:
 myBuzzer.begin(BUZ_PIN);
 Serial.begin(9600);
 pinMode(3,INPUT);
attachInterrupt(1, Exint, RISING);
Serial.println("Buzzer Interrupt Test");


}

void loop() {
 // put your main code here, to run repeatedly:
if(count%2 == 1){

  myBuzzer.On();
  delay(2000);
  myBuzzer.Off();
  delay(1000);


  }
}

void Exint(){
   Serial.println("Interrupt ON");
  count++;
   }
```

▶▶ 연습문제 23.3

1. 실습 23-2에서 부저대신 DC모터가 작동하는 스케치를 작성하시오.

2. 실습 23-2에서 부저대신 RGB LED가 Red 색으로 작동되도록 스케치를 작성하시오.

▶▶ 찾아보기

ㅌ.

ㅎ.

A.

B.

C.

D.

E.

F.

G.

H.

I.

L.

M.

지은이 **서재성**

전북대학교 공학박사
국방과학연구소 선임연구원
현재 한라대학교 ICT융합공학부 교수

아두이노로 배우는 **임베디드 시스템**

초판발행 2022년 2월 10일

지은이 서재성
펴낸이 오판근
펴낸곳 (주) 교우
주 소 서울시 동대문구 약령시로 8 교우빌딩 2층 (주)교우
전 화 02-925-2861 / **팩 스** 070-7966-8610. **편집부** 02-925-2825
홈페이지&북스토어 www.kyowoo.co.kr / 이메일 kyowoo@kyowoo.co.kr

등 록 1994년 3월 24일 제1994-000013호
ISBN 979-11-251-0344-8 (93560)

Published by Kyowoo Co., Ltd. Printed in Korea

(주) 교우는 보다 혁신적이고 참신한 도서를 다양하게 기획하고 있습니다.
책으로 펴내고자 하는 아이디어나 원고는 메일로 보내주세요.
(주) 교우는 전과정을 책임지고 최선을 다하겠습니다.

값 16,000원

교우미디어는 (주) 교우의 Imprint 사입니다.
수학정원·과학정원은 (주) 교우의 새로운 브랜드명입니다.

잘못된 책은 구입하신 서점에서 교환해 드립니다.